Daniel Hausherr · Mattis Osterheider · Björn Bourdon
Felix Lager · Stefan Klompmaker · Dirk Berben · Mirco Imlau

1.000 Laser-Hacks für MAKER

LASERLEISTUNG
selber messen

aufbauen · verstehen · forschen

bombini
verlag

Wichtiger Hinweis für den Benutzer

Die Informationen in diesem Buch wurden mit größter Sorgfalt erarbeitet. Dennoch können Fehler nicht vollständig ausgeschlossen werden. Verlag und Autoren übernehmen keine juristische Verantwortung oder irgendeine Haftung für eventuell verbliebene Fehler und deren Folgen. Alle Warennamen werden ohne Gewährleistung der freien Verwendbarkeit benutzt und sind möglicherweise eingetragene Warenzeichen. Der Verlag richtet sich im Wesentlichen nach den Schreibweisen der Hersteller.

LEGO® ist eine Marke der LEGO Gruppe, durch die das vorliegende Schriftstück jedoch weder gesponsert noch autorisiert oder unterstützt wird.

Die in diesem Buch vorgestellten Bauanleitungen wurden mit der Open-Source-Software LDraw erstellt. Weitere Informationen unter ldraw.org.

Kommentare und Fragen können Sie gerne an uns richten:
Bombini Verlags GmbH
Kaiserstraße 235
53113 Bonn
E-Mail: service@bombini-verlag.de

Bibliografische Information der Deutschen Nationalbibliothek

Die Deutsche Nationalbibliothek verzeichnet diese Publikation in der Deutschen Nationalbibliografie; detaillierte bibliografische Daten sind im Internet über http://dnb.d-nb.de abrufbar.

Umschlaggestaltung & Satz: Anita Tiedtke und Anke Schmitter, Kommunikation & Marketing, Universität Osnabrück

Belichtung, Druck und buchbinderische Verarbeitung: Mediaprint Solutions, Paderborn (www.mediaprint.de)

ISBN 978-3-946496-30-4

Dieses Buch ist auf 100% chlorfrei gebleichtem Papier gedruckt.

Inhalt

Gebrauchsanweisung statt Vorwort

Willkommen zu unserer Buchreihe »1.000 Laser-Hacks für Maker«, in der wir dir an ausgesuchten, spannenden Experimenten zeigen, wie sich aktuelle Themen aus Photonik-Industrie und Photonik-Forschung in die Maker-Welt übersetzen lassen.

Das »Selbermachen« bzw. »Selberbauen« steht in allen Büchern im Mittelpunkt: Es handelt sich um detaillierte und umfassend bebilderte Aufbauanleitungen, mit denen du die gezeigten Experimente zu Hause nachbauen kannst. Die wichtigsten Werkzeuge der Bücher sind unsere *(liebevoll genannten)* »Laser-Hacks«, die »Info-Boxen« und unsere Webseite »http://www.1000laserhacks.de«. Ziel ist, dass du am Ende ein komplexes laseroptisches Experiment in den Händen hältst. Du wirst verstehen, wie du deine eigenen Laser-Experimente und Ideen umsetzen kannst. Vielleicht gelingt es dir sogar, unsere Aufbauvorschläge noch besser zu machen?

Laser-Hacks

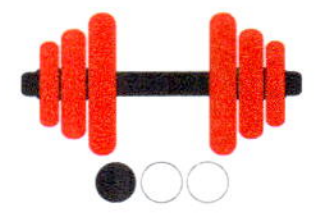

Jedes Buch ist aufgeteilt in Laser-Hacks, welche gleichzeitig das Inhaltsverzeichnis darstellen. Laser-Hacks zeigen dir in kleinen und großen Schritten, wie es uns auf meist ungewöhnliche Weise gelungen ist, die komplexen Laser-Experimente mit Maker-Werkzeugen zu realisieren. Ein Laser-Hack kann dabei etwas Einfaches sein, wie z.B. das Bauen einer Laserhalterung. Oder etwas Schwierigeres, wie z.B. die Bestückung einer Platine mit sehr kleinen elektronischen Bauelementen. Ein Laser-Hack enthält eine Bau- und/oder Justageanleitung für eine einzelne Komponente oder für ein ganzes Experiment. Die Abfolge der Laser-Hacks ist eindeutig; zuerst werden Komponenten aufgebaut und anschließend ein Experiment durchgeführt. Für jeden Laser-Hack haben wir einen Schwierigkeitsgrad, kenntlich durch das nebenstehende Hantel-Symbol, sowie eine Dauer (Symbol der Stoppuhr) abgeschätzt und in ein einfaches Punktesystem übertragen. Die Punkte 1-3 entsprechen dabei: leicht-mittel-schwer bzw. kurz-mittel-lang.

Info-Boxen

In jedem Laser-Hack machen wir dich mit Info-Boxen auf besondere Aspekte, die in direktem Zusammenhang mit dem Bauschritt stehen, aufmerksam. Es gibt kleine Info-Boxen an den Rändern, welche sich auf Basiswissen bzw. Begrifflichkeiten beziehen, und große Info-Boxen im Fließtext, welche eine Mischung aus Basiswissen und fortgeschrittenem Wissen thematisieren. Für die weiterführende Lektüre haben wir innerhalb der Infoboxen und am Ende des Buchs Hinweise auf Fachbücher/-webseiten eingefügt. Entscheide einfach selbst, welche Info-Boxen du lesen möchtest. Wissen, welches für das Verständnis der Experimente benötigt wird, ist mit einem Doktorhut gekennzeichnet. Letztlich findest du auch gelb hinterlegte Boxen, die Warnhinweise für den Laser-Hack beinhalten und die du daher unbedingt lesen solltest. Alle Info-Boxen sind so platziert, dass Information dann geliefert wird, wenn du sie benötigst.

Webseite

www.1000laserhacks.de

Ergänzend zu dieser Buchreihe haben wir eine Webseite eingerichtet (siehe QR-Code). Diese Webseite soll dir bei der Bestellung der Bauteile für die Laser-Hacks, beim Aufbau, bei der Justage und weiterführendem Fachwissen helfen. So findest du hier bspw. die in diesem Buch aufgeführten Bauteillisten, Baupläne und 3D-Druckdateien in elektronischer Form oder Links zu Internet-Shops, bei denen wir die hier dargestellten Komponenten erworben haben. Ein Blick lohnt sich!

Vorwort des Erstautors

Als Erstautor des Buchs »Laserleistung selber messen« möchte ich mich bei dir kurz vorstellen: Ich bin Mitarbeiter an der Hochschule Südwestfalen. Meine Masterarbeit zur Elektrotechnik habe ich in der Arbeitsgruppe von Prof. Dr. Dirk Berben angefertigt. Speziell das Arbeiten mit Laserstrahlung fasziniert mich, und wie sich hierfür Do-it-Yourself Messschaltungen, aber auch Messaufbauten mit LEGO®-Bausteinen, entwickeln und realisieren lassen. Dieses Buch stellt eine Zusammenfassung meiner wichtigsten Errungenschaften der letzten drei Jahre dar, in denen ich mich besonders für die Möglichkeiten zum Selbstbau von Messgeräten für die Leistung von Laserstrahlung interessiert habe.

Osnabrück, im Frühjahr 2022 *Daniel Hausherr*

Einleitung

Die Leistung von Laserstrahlung – kurz: Laserleistung – zu messen ist in unserem Alltag, aber auch für den Aufbau & Betrieb von Laseranlagen in Industrie und Forschung von zunehmender Bedeutung. Einerseits steht die Lasersicherheit, d.h. der Schutz von Auge und Haut, bei Verwendung von Laserstrahlung im Mittelpunkt. Andererseits stellt die Laserleistung eine ebenso zentrale Messgröße in der Lasertechnik dar wie Spannung und Strom in elektrotechnischen Anlagen. Mit ihr werden Lasersysteme klassifiziert. Sie ermöglicht anspruchsvolle Überwachungs-, Regel- und Steueraufgaben in laserbasierten Prozessen, wie bspw. beim Laserschweißen in der Automobilindustrie oder der geringinvasiven Chirurgie in der Medizintechnik. Es ist nachvollziehbar, dass die Messung der Laserleistung sehr präzise auch bei sehr hohen Werten und für unterschiedliche Lasersysteme durchgeführt werden muss. Laserleistung selber zu messen scheint daher vollkommen ausgeschlossen. Wirklich? Oder ist es nicht doch möglich, dies präzise und kostengünstig zu Hause durchzuführen?

Ich habe mich dieser Frage in den letzten Jahren sehr intensiv gewidmet und den Ansatz gewählt, die Messung der Laserleistung mit Ansätzen der MAKER-Bewegung zu realisieren. Das Ergebnis dieser Idee liegt in Form einer umfassend bebilderten Bauanleitung vor dir! Wenn du also schon immer die Leistung von Laserstrahlung selber messen und wissen wolltest, welche Messprinzipien hierfür genutzt werden, ist dieses Buch genau das Richtige für dich! Egal, ob du SchülerIn, LehrerIn, ForscherIn oder einfach ein interessierter MAKER bist: Ich zeige dir auf den kommenden Seiten u.a., wie du selber die Laserleistung von Laserpointern mit einer einfachen Photodiode, einer kompakten Elektronik, einem ARDUINO® Minicontroller und LEGO®-Bausteinen aufbauen, programmieren und messen kannst. Dabei lernst du spielerisch die wichtigsten physikalischen Aspekte und die Prinzipien der Messung kennen. Es gibt noch ein paar weitere Vorteile, wie bspw.:

- Geringer Kostenaufwand (weniger als 200€)
- Hohe Erfolgswahrscheinlichkeit
- Schnelles und unkompliziertes Auf- und Umbauen
- Hohe Qualität
- Viel Begleitmaterial unter www.1000laserhacks.de

Was musst du tun? Ich empfehle dir, zunächst den Messaufbau zur Laserleistung auf Basis des Streukugel-Messprinzips entlang der Laser-Hacks 1-10 nachzuvollziehen. Hiermit lernst du viele Basisinformationen zu den benötigten Einzelteilen und Komponenten, deren Funktion und zum Messablauf. Vor allem das Löten der zentralen Verstärkerplatine wird eine neue Erfahrung für dich sein. Die Laser-Hacks 11-17 zeigen dir ein zweites Messprinzip unter Verwendung einer großflächigen Photodiode. Dieser Aufbau ist umfangreicher & kostenaufwändiger, erlaubt dir aber ein weiterführendes Verständnis und größeres Anwendungsfeld der Messverfahren. Die Laser-Hacks 18-25 sind dann ein Kinderspiel und verlangen nur noch wenige zusätzliche Schritte. Hilfreich ist es, wenn du alle Bauteile, die zu den Experimenten gehören (also bspw. zu den Laser-Hacks 1-10), als erstes bestellst. Vielleicht hast du das ein oder andere auch bereits zu Hause rumliegen? Sobald du alles zusammengetragen hast, kann es auch direkt losgehen. Mehr als einen leeren Tisch, einen Lötkolben, eine Kochplatte, dieses Buch und einen Laptop wirst du nicht mehr benötigen.

Wenn du das erste Mal mit photoelektrischen Bauteilen arbeitest, solltest du dir ruhig etwas Zeit nehmen – du wirst unterschiedliche Arbeiten durchführen müssen: löten, bauen, programmieren & justieren. Wenn du mal nicht weiterkommst, kannst du unsere Webseite zur Hilfe nehmen. Dort findest du die Rubrik »frequently asked questions« (FAQ) und Begleitvideos – meist bist du nicht der Erste mit deiner Frage. Fehlt dir ein Bauteil? Findest du eine bessere Lösung für den Aufbau? Trau dich ruhig und probiere eigene Wege aus! Wenn du etwas Besonderes herausgefunden hast, freue ich mich natürlich sehr auf deinen Eintrag in unserem Gästebuch.

Ich wünsche dir nun viel Spaß beim Aufbauen, Verstehen und Forschen!

Das Streukugel-Messprinzip

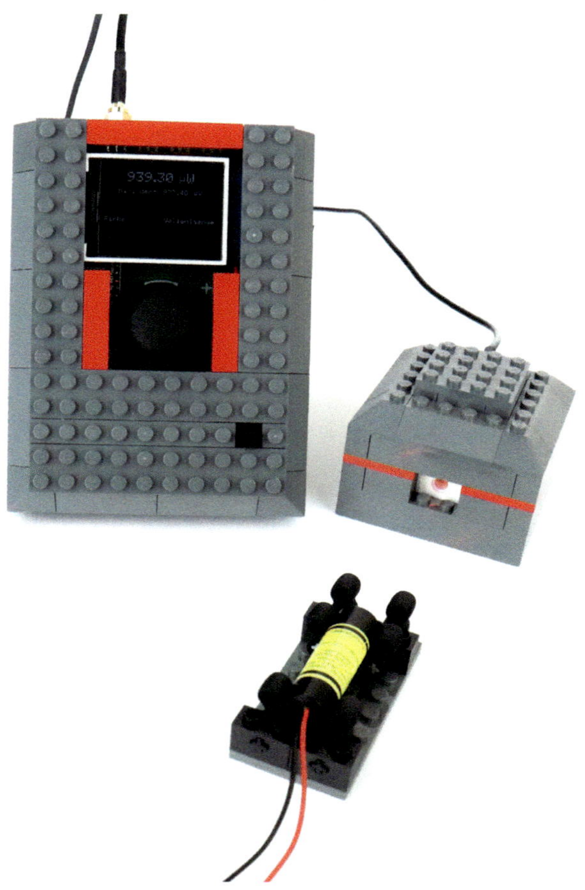

Abbildung 1:
Foto des fertigen Messaufbaus für die Messung der Laserleistung mit einer Streukugel

Mehr zu den Messverfahren zur Kohärenz und den monochromatischen Eigenschaften erfährst du in unseren Büchern »Interferometer zum Selberbauen« (ISBN: 978-3-946496-09-0) und »Atomspektren selber messen« (ISBN: 978-3-946496-27-4) dieser Buchreihe.

Die Prinzipien zur Vermessung von Laserstrahlung basieren auf sehr grundlegenden physikalischen Phänomenen: Die Messung der Kohärenz nutzt beispielsweise Interferenz bei der Überlagerung von zwei Laserstrahlen, während die Messung monochromatischer Eigenschaften (auch Einfarbigkeit genannt) auf der Dispersion, und damit der Zerlegung der Strahlung in ihre Farbanteile, basiert.

In diesem Buch steht die Messung der Leistung von Laserstrahlung, im Folgenden kurz ›Laserleistung‹ genannt, im Vordergrund.

Hierbei ist zu beachten, dass sich Laserstrahlung nicht nur sehr intensiv, sondern auch stark gebündelt ausbreitet. Abhilfe schafft hierbei eine Streukugel nach Richard Ulbricht, deren Aufgabe es ist, die Laserstrahlung auf der großen Fläche im Inneren der Kugel zu verteilen, wie in der Abbildung unten gezeigt. Das Messprinzip nutzt also das physikalische Phänomen der Lichtstreuung und erlaubt es, die Laserstrahlung zerstörungsfrei und gefahrlos mit einer Photodiode zu messen.

Um die ›Laserleistung selber zu messen‹, brauchst du eine Streukugel, eine Photodiode, eine Messelektronik und ein Computerprogramm, mit dem das Messsignal in einen Leistungswert für die Laserstrahlung umgerechnet werden kann. Im ersten Laser-Hack dieses Buchs beginnen wir mit dem Aufbau der Streukugel.

Die Leistung von Laserstrahlung wird in der Einheit Watt (abgekürzt: W) angegeben. Einen guten Überblick über die strahlungsrelevanten physikalischen Größen findest du auf der Webseite der Physikalisch-Technischen Bundesanstalt www.ptb.de.

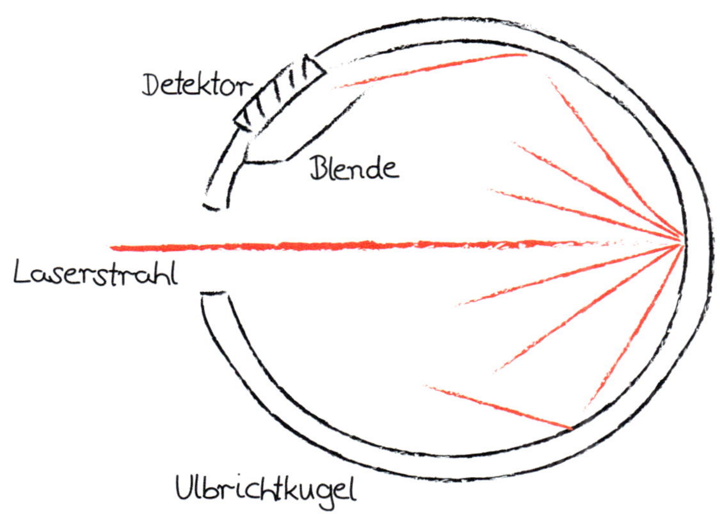

Die Streukugel wurde im Jahr 1920 von Richard Ulbricht als ›Kugelphotometer‹ eingeführt. Heutzutage ist sie als Ulbricht'sche Kugel oder kurz ›Ulbrichtkugel‹ in der Literatur zu finden.

Abbildung 2:
Prinzipskizze der Zerstreuung einfallender Laserstrahlung im Innern einer Streukugel

Laser-Hack 1: Streukugel aufbauen

Abbildung 3:
Foto der Streukugel aus LEGO®-Bausteinen

Für diesen Laser-Hack benötigst du die LEGO®-Bausteine, die in der folgenden Tabelle aufgelistet sind. Aufgeführt sind die Anzahl, der Bausteinname, die Artikelnummern der Firma LEGO® System A/S, Dänemark, sowie die Farbe.

LEGO® Einzelteile können einfach unter www.bricklink.com bestellt werden.

Das ist eine Suchmaschine für LEGO®-Bausteine. Damit findest du viele Shops mit unterschiedlichen Angeboten an Einzelteilen.

Anzahl	Artikelname	Art.-Nr.	Firma
6	Brick 1 x 1	3005	White
4	Brick 1 x 2	3004	Dark Bluish Grey
3	Brick 1 x 4	3010	White
2	Brick 1 x 4	3010	Dark Bluish Grey
5	Brick 1 x 6	3009	Dark Bluish Grey
6	Brick 1 x 8	3008	Dark Bluish Grey
4	Brick 2 x 2	3003	White
1	Brick 4 x 4 Round with Pinhole and Snapstud	87081	White
1	Plate 1 x 2	3023	Dark Bluish Grey
2	Plate 1 x 3	3623	Red
4	Plate 1 x 4	3710	Dark Bluish Grey
2	Plate 1 x 6	3666	Red
2	Plate 1 x 6	3666	Dark Bluish Grey
1	Plate 1 x 8	3460	Red
1	Plate 4 x 4	3031	Dark Bluish Grey
1	Plate 8 x 8	41539	Dark Bluish Grey
4	Slope Brick 45 2 x 2	3039	White

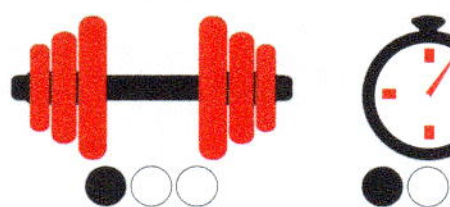

Anzahl	Artikelname	Art.-Nr.	Firma
4	Slope Brick 45 2 x 2 Double Concave	3046	White
4	Slope Brick 45 2 x 2 Double Convex	3045	Dark Bluish Grey
4	Slope Brick 45 2 x 2 Inverted	3660	White
4	Slope Brick 45 2 x 4	3037	Dark Bluish Grey
1	Technic Brick 1 x 2 with Hole	3700	White
1	Tile 2 x 2 Round with Hole	15535	Dark Bluish Grey
1	Tile 2 x 2 without Groove	3068a	White

Wofür benötige ich die Streukugel? Durch die Verwendung der Streukugel, einer Hohlkugel mit Öffnung, wird die Laserstrahlung auf einer großen Fläche (Innenfläche der Kugel) verteilt. Eine Photodiode, die in der Innenseite der Kugel eingebaut ist, erfasst einen Bruchteil der Laserstrahlung und kann damit auch bei sehr großen Leistungswerten der Strahlung nicht zerstört werden.

Das grundlegende Prinzip einer Streu- oder Ulbricht-Kugel ist, dass sie die einfallende, intensive, stark gebündelte Laserstrahlung zerstreut und in ihrem Innern sehr oft und in alle Richtungen hin- und herreflektiert. Hierzu muss die Innenfläche der Streukugel die Laserstrahlung besonders gut in alle Raumrichtungen und ohne Verlust streuen können. Zugleich muss sie der Laserstrahlung standhalten. Sie besteht daher meist aus beschichtetem Metall mit rauer, weißer Oberfläche.

Durch das Zusammenspiel von Streuung und Kugelgeometrie entsteht im Innern der Kugel aus der anfangs stark gebündelten Laserstrahlung eine ›radialsymmetrische isotrope‹ Strahlungsverteilung. Das bedeutet, dass sich nach einer gewissen Zeit die Laserstrahlung homogen auf der Innenfläche der Kugel verteilt hat und als physikalische Größe nun die Laserleistung pro Fläche, die sogenannte Bestrahlungsstärke (Einheit: Watt pro Quadratmeter bzw. [W/m^2]), betrachtet wird:

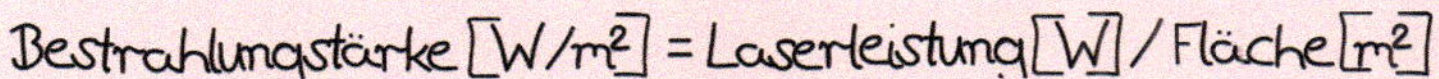

Die Streukugel bewirkt, dass die Bestrahlungsstärke gering gehalten wird und sich die Laserstrahlung nicht mehr so intensiv und nicht mehr so stark gebündelt, dafür sehr homogen ausbreitet.

Was sind die Merkmale meiner Streukugel aus LEGO®-Bausteinen?

- Das Innere der Streukugel ist mit weißen, angeschrägten LEGO®-Bausteinen versehen, die üblicherweise für den Bau von Dächern verwendet werden und eine angeraute Oberfläche aufweisen. Die raue Oberfläche stellt die diffuse Streuung und Mehrfachreflektion auf die gesamte Innenfläche sicher und verringert so die Bestrahlungsstärke.
- Die LEGO®-Bausteine sind bei direkter Laserbestrahlung mit Leistungen bis 1 Milliwatt, also 1/1000 Watt, stabil, sodass mit der Streukugel handelsübliche Laserpointer sehr gut gemessen werden können.
- Die Kugelgeometrie wird durch die Steine zwar nicht zu 100% nachempfunden. Für das Erreichen einer Mehrfachreflexion ist aber vor allem ein symmetrischer Aufbau des Innenraums erforderlich. Diese Symmetrie wirst du beim Aufbau der Kugel sicherlich erkennen.
- Außen ist die Kugel mit grauen LEGO®-Bausteinen eingefasst, damit die Messung nicht durch das Durchschimmern von Tageslicht verfälscht wird.
- Die Öffnung für die einfallende Laserstrahlung ist an der Seite und die Halterung für die Photodiode an der Oberseite der Streukugel platziert. Das bedeutet, dass die Laserstrahlung horizontal eintrifft und nicht direkt oder durch direkte Reflexion auf die Photodiode fallen kann.

Mit der Open-Source Software LDraw kannst du auch eigene Anleitungen zu Aufbauten mit LEGO®-Bausteinen erstellen. Probier‘s mal!

Die folgende Aufbauanleitung habe ich mit der Open-Source-Software LDraw erstellt. Die Darstellung lehnt eng an die professionellen Anleitungen von LEGO® System A/S an.

1 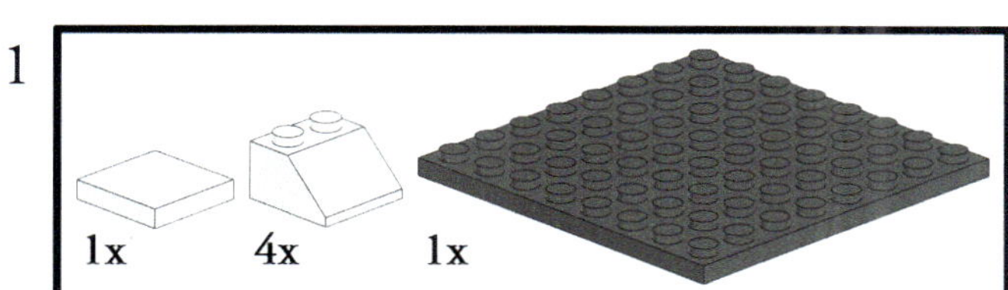

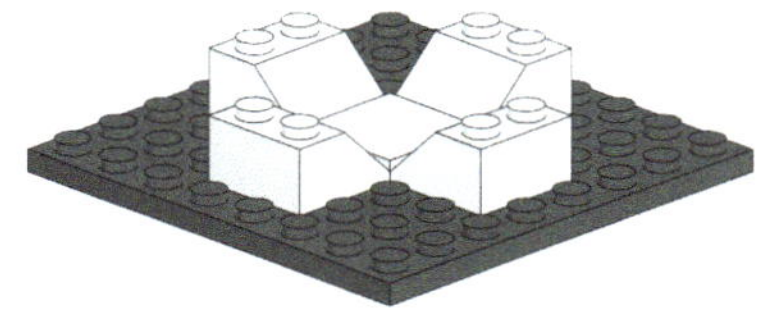

2 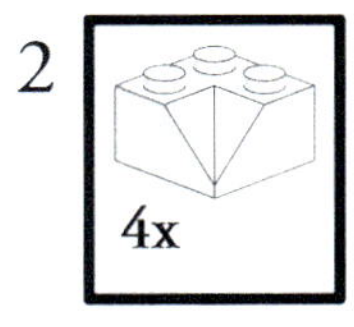

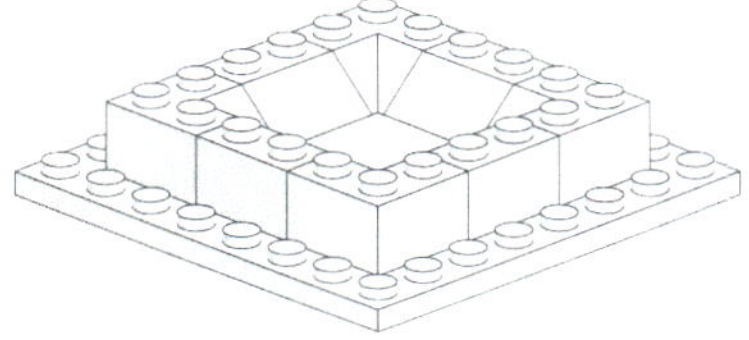

Und schon kannst du die untere Hälfte der Streukugel erkennen.

3 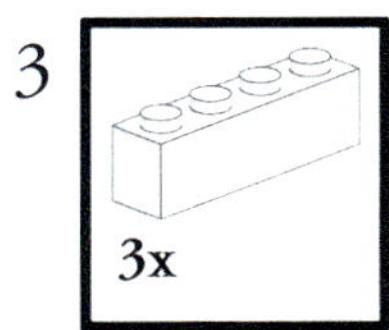

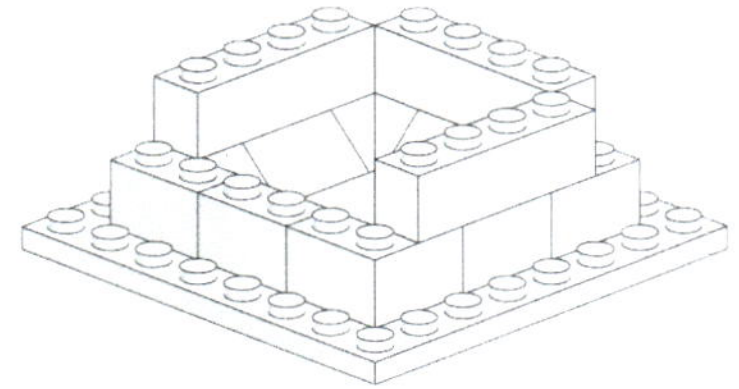

In diesem Bauschritt fügst du die Öffnung der Streukugel für den Eintritt der Laserstrahlung hinzu.

4

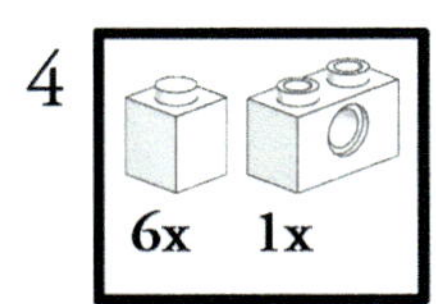

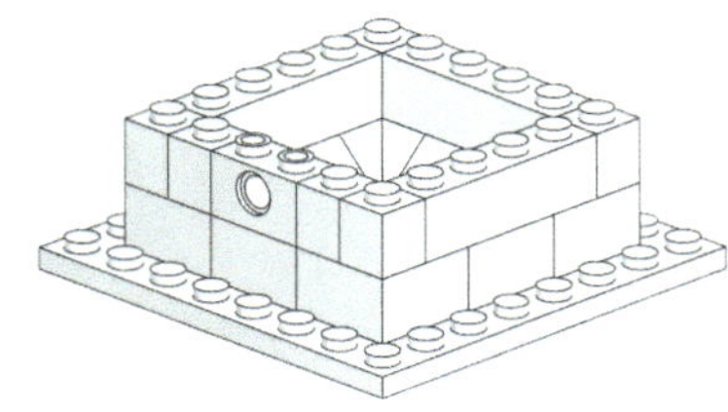

5

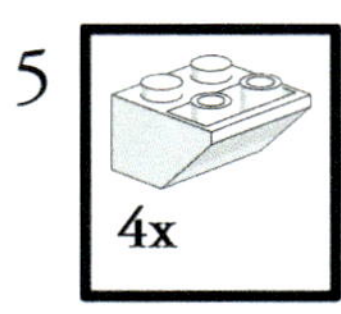

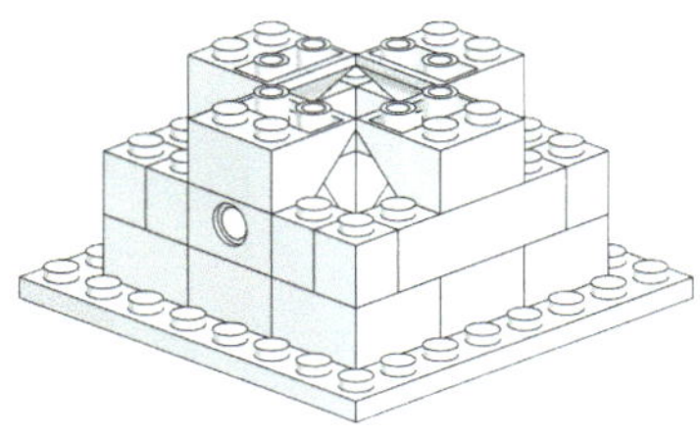

Jetzt ist der weiße Innenraum der Kugel fertig und du kannst mit dem Aufbau der grauen Außenhülle beginnen!

6

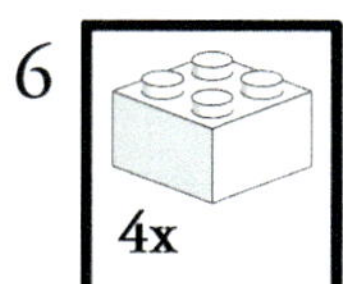

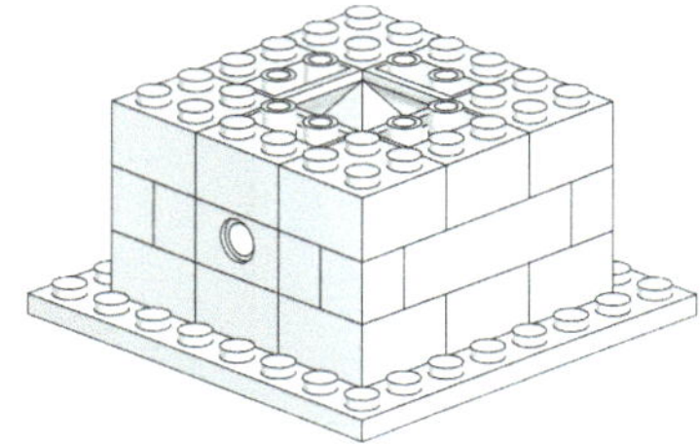

7

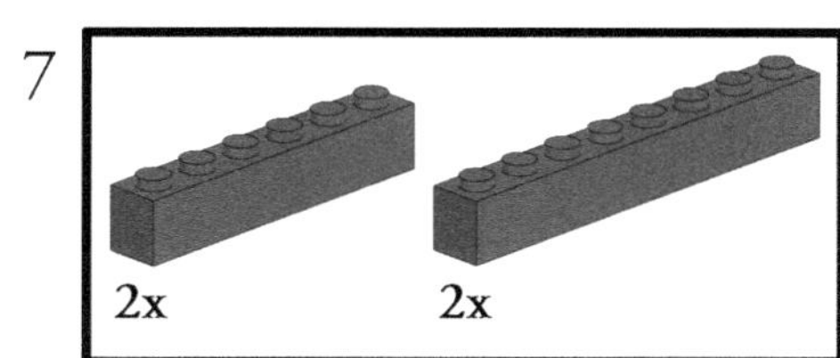

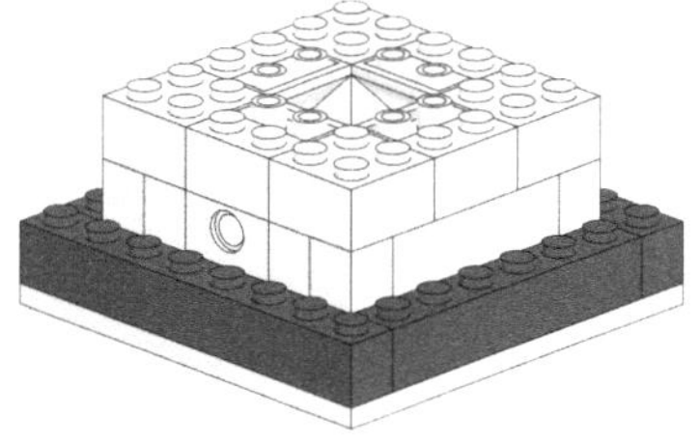

8

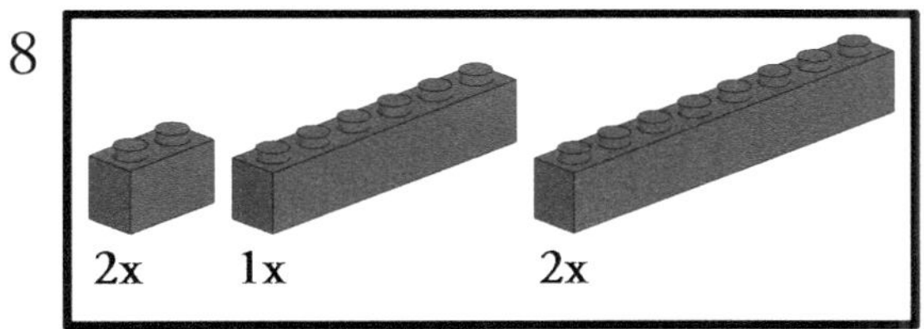

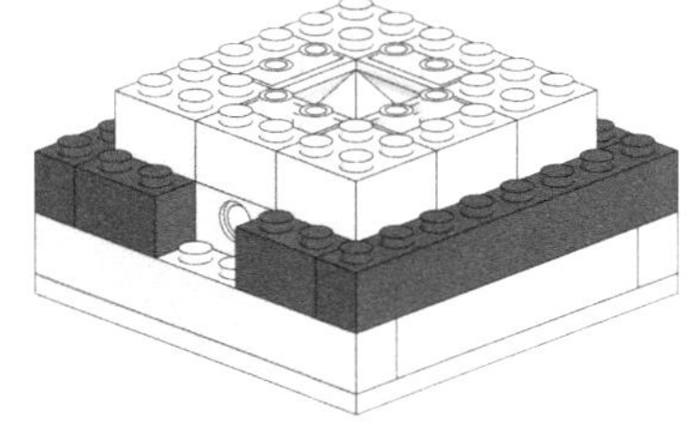

9

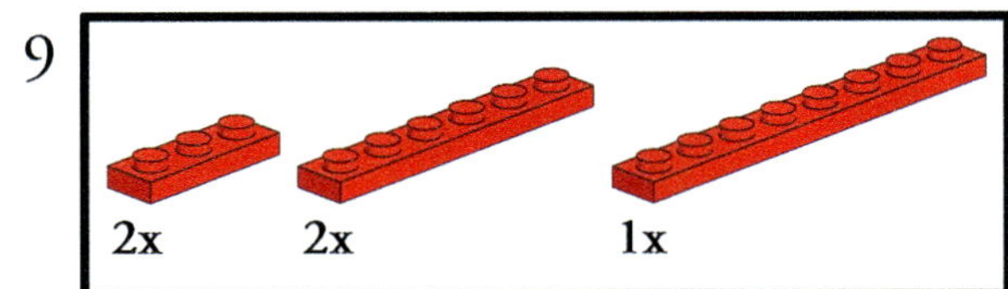

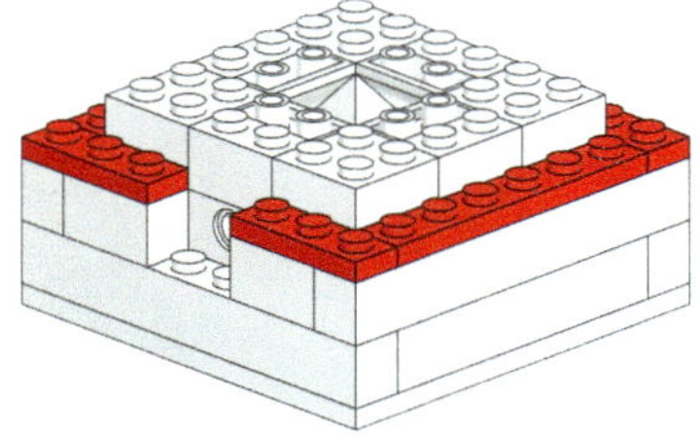

10

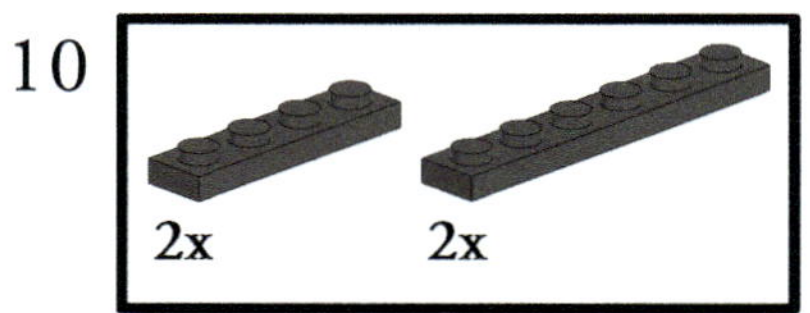

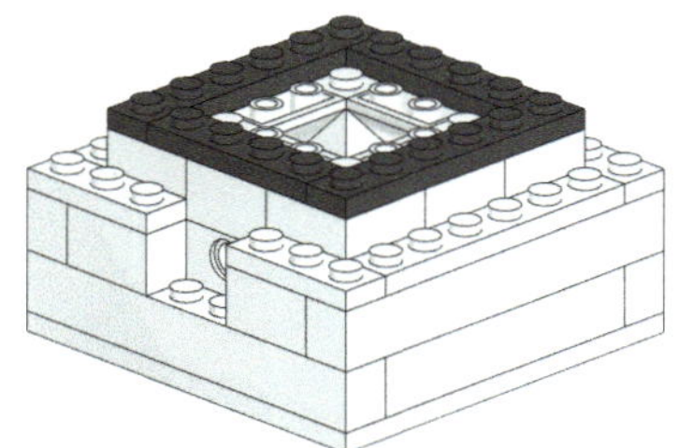

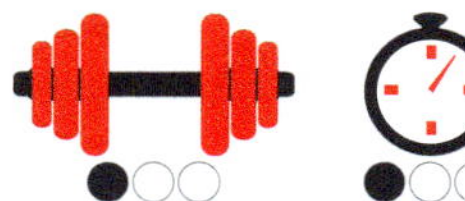

11

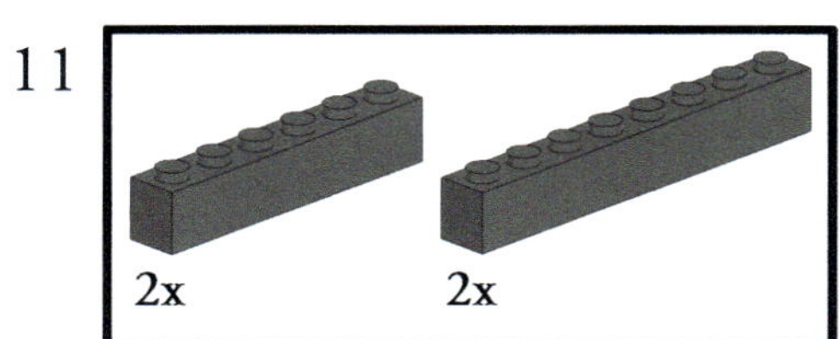

In diesem Schritt kannst du vorsichtig mit einem Laserpointer (1 mW Laserleistung) durch das Eintrittsfenster der Kugel hinein leuchten. Wenn du richtig gebaut hast, wirst du die gleichmäßige Verteilung der Laserstrahlung sehen können.

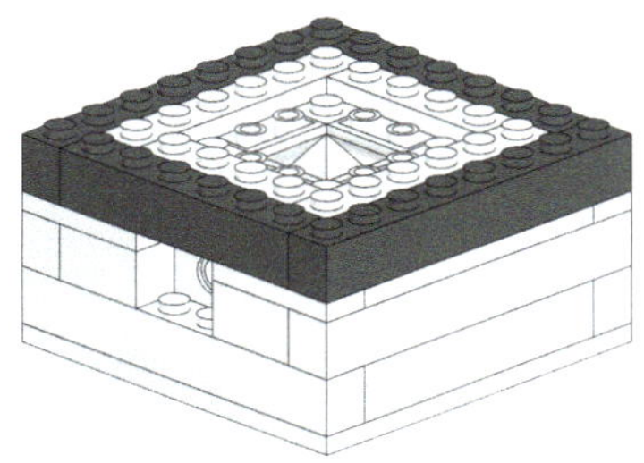

12

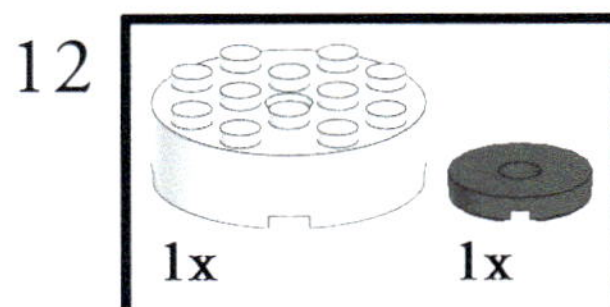

In diese Vorrichtung wird im nächsten Laser-Hack die Photodiode eingesteckt.

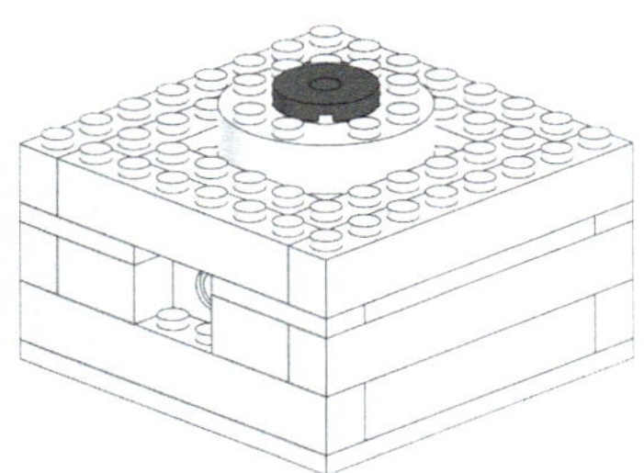

13

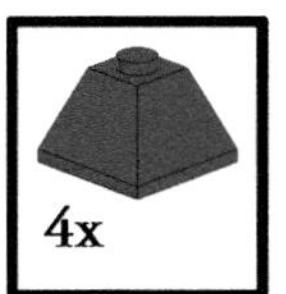

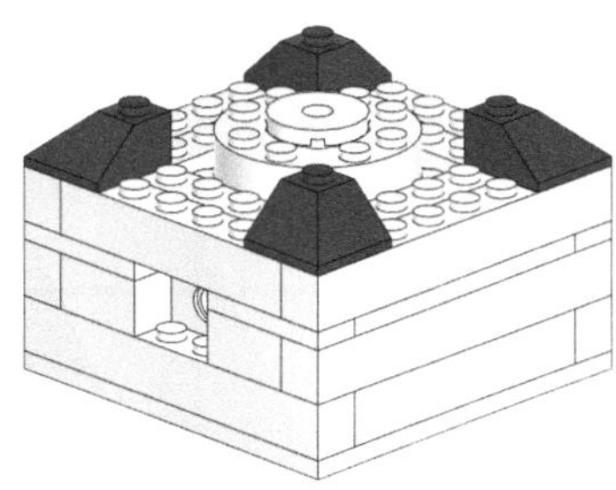

14

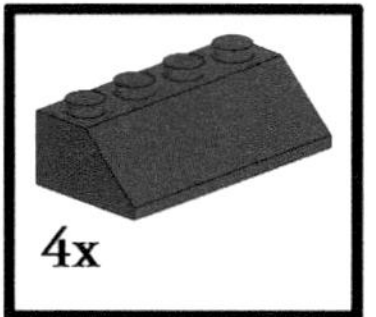

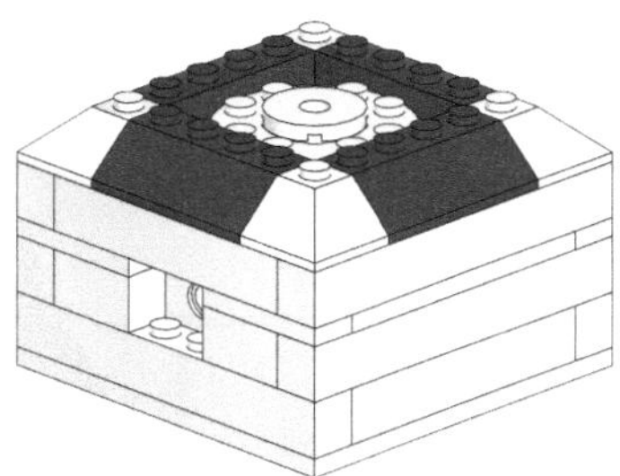

15

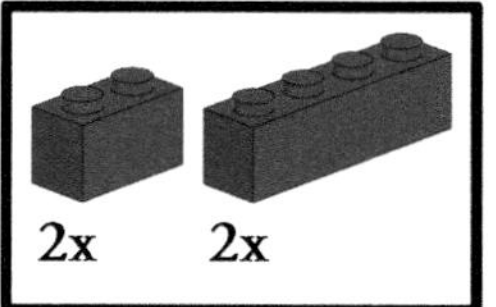

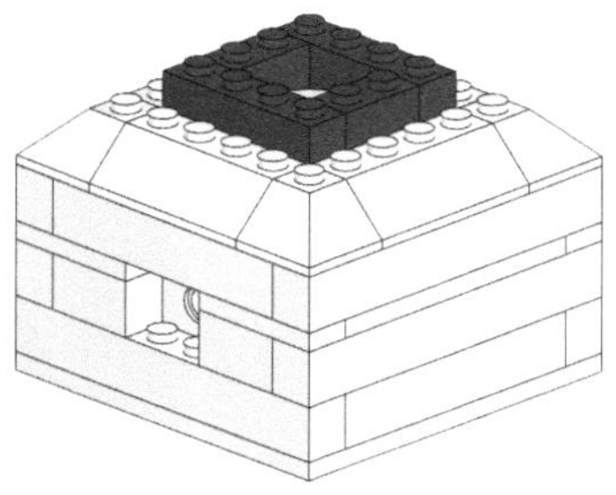

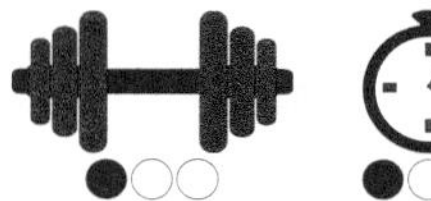

16

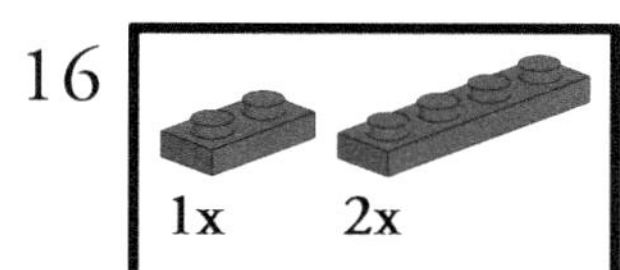

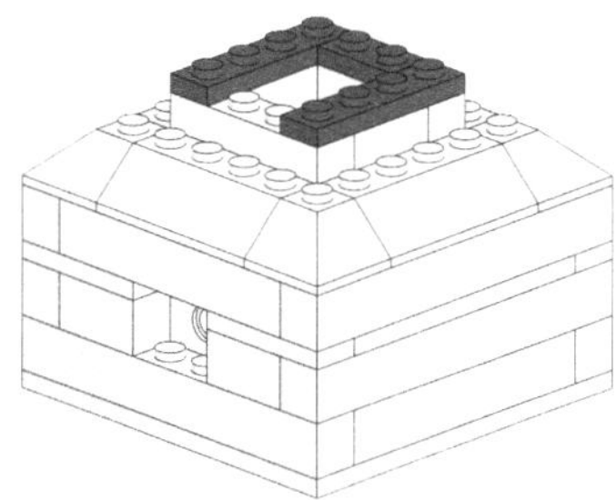

17

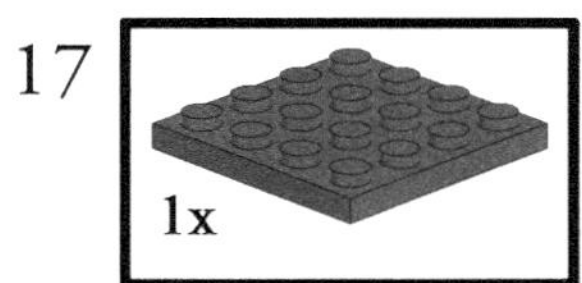

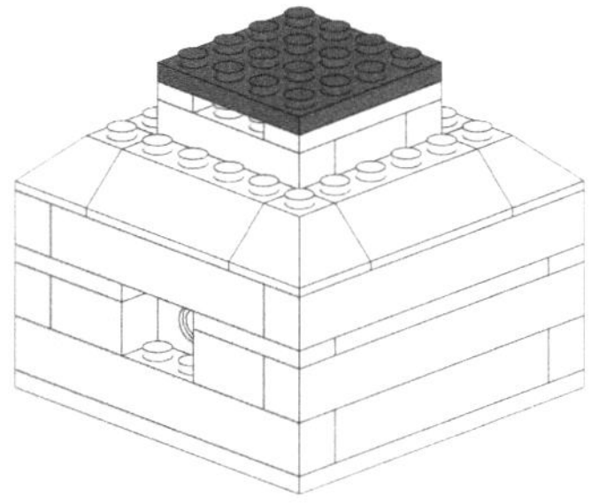

Herzlichen Glückwunsch! Du hast deinen ersten Laser-Hack erfolgreich gemeistert! Die Streukugel ist fertig gestellt.

Laser-Hack 2: Photodiode verkabeln

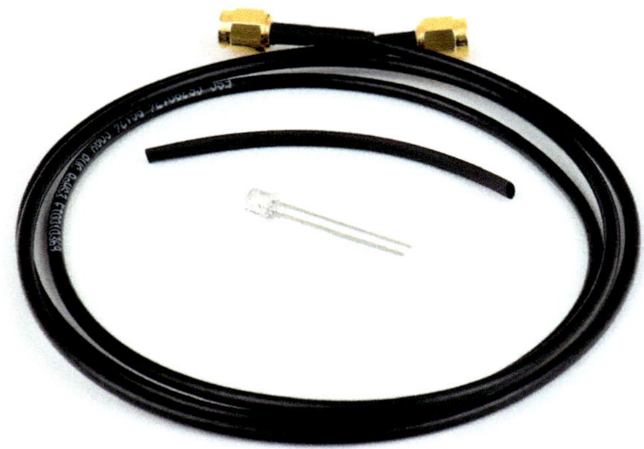

Abbildung 4:
Foto der benötigten Komponenten, um die Photodiode zu verkabeln

Ich habe die Bauteile online bei der Firma www.mouser.de, www.rs-components.de und www.conrad.de bestellt.

Für diesen Laser-Hack benötigst du einen Lötkolben, Lötzinn und die in der Tabelle aufgelisteten Materialien.

Anzahl	Artikelname	Art.-Nr.
1	OSRAM SFH 203 P	SFH 203 P
1m	Koaxialkabel, RG174	914-0334
2	Schrumpfschlauch	1564899

Die hier ausgewählte Photodiode ist preisgünstig und zugleich im sichtbaren Spektralbereich empfindlich. Für die Messung von handelsüblichen Laserpointern mit roter, grüner oder blauer Laserstrahlung ist sie daher sehr gut geeignet. Die Photodiode ist in ein Kunststoffgehäuse eingebaut, wie es bei Leuchtdioden verwendet wird. Das ermöglicht das Einstecken der Diode in die Löcher von LEGO® Technic Bausteinen.

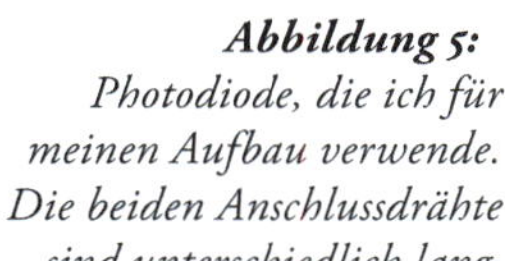

Abbildung 5:
Photodiode, die ich für meinen Aufbau verwende. Die beiden Anschlussdrähte sind unterschiedlich lang.

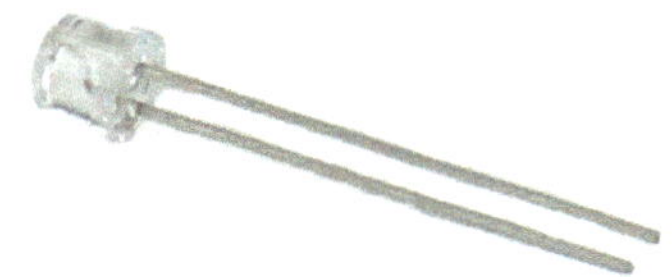

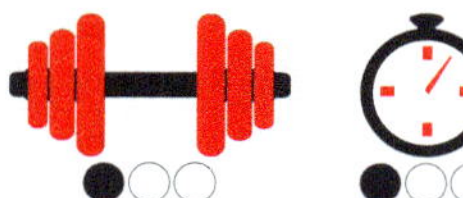

Die Aufgabe der Photodiode ist es, die Bestrahlungsstärke im Innern der Streukugel in ein elektrisch messbares Signal umzuwandeln. Dies funktioniert über den ›inneren photoelektrischen Effekt‹.

Der ›innere photoelektrische Effekt‹, der im Jahr 1873 durch Willoughby Smith in Selen entdeckt wurde, beschreibt die Erhöhung der elektrischen Leitfähigkeit in Halbleitern (wie Silizium) bei Bestrahlung, die Photoleitung. Physikalisch lässt sich dieser Effekt im Teilchen- und Bandmodell beschreiben.

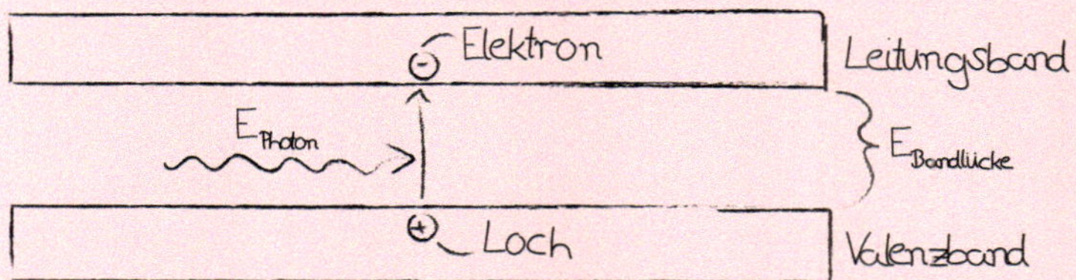

Die Abbildung zeigt, wie Elektronen aus dem Valenzband durch Wechselwirkung mit einfallenden Lichtteilchen, den Photonen, in das Leitungsband angehoben werden können. Für diesen Prozess sind die Größe der Bandlückenenergie, also der Abstand zwischen Valenz- und Leitungsband, und die Energie der Photonen – und damit dessen Lichtfarbe – entscheidend. Es gilt, dass die Energie des Photons mindestens so groß sein muss wie die Bandlückenenergie.

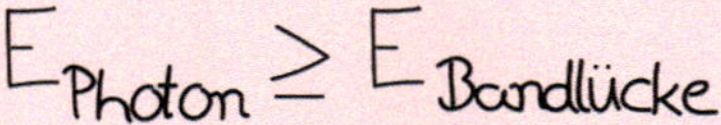

Entsprechend beobachtet man, dass Photoleitung stark von der Energie des einfallenden Photons, also der Lichtfarbe, abhängig ist, zur Bandkante hin zunimmt und in einigen Bereichen des Spektralbereichs nicht auftritt. Diese Mechanismen und Eigenschaften prägen das photoelektrische Verhalten von Photodioden, die im Laser-Hack 12 beschrieben werden.

Wie eine Photodiode auf Basis des inneren photoelektrischen Effekts aufgebaut ist und funktioniert, zeige ich dir in Laser-Hack 12.

Die Rolle der Farbe der Laserstrahlung wird bei der Messung von Laserpointern unterschiedlicher Farben in Laser-Hack 23 wichtig werden.

Technische Angaben zur Photodiode sind in einem Datenblatt zusammengefasst, das du auf unserer Webseite findest.

Die Schaltungselektronik zur Messung des Signals baue ich in Laser-Hack 4 auf.

Schau dir den Kopf der Photodiode genau an. Die lichtempfindliche Fläche ist mit dem bloßen Auge erkennbar. Es handelt sich um eine Halbleiterdiode aus Silizium, die auch als ›Chip‹ bezeichnet wird. Der Chip ist in Epoxidharz in einer Tiefe von ca. 1 mm eingegossen und weist eine lichtaktive Fläche von 1 mm x 1 mm auf. Zwei Anschlussdrähte, die unterschiedlich lang sind bzw. eine Markierung aufweisen, werden nach außen geführt. Der kurze Draht ist mit der ›Kathode‹ der Diode verbunden und wird in der Schaltung elektrisch auf Masse gelegt. Der lange Anschlussdraht ist mit der ›Anode‹ verbunden und überträgt das elektrische Signal.

Als erstes wird der Lötkolben eingeschaltet und ca. 10 Minuten vorgeheizt. Das Lötzinn enthält in der Mitte ein wenig Flussmittel. Dadurch zerfließt das Lötzinn besser auf den Kontakten und verbessert die Haftung. Ich verwende übrigens einen Lötständer als Hilfsmittel beim Löten, der auch ›dritte Hand‹ genannt wird. Es handelt sich um eine Halterung mit Zwinge, in die ich die Photodiode in einer gewünschten Position fest eingespannt.

Jetzt muss das Kabel vorbereitet werden. Ich verwende ein ein Meter langes, konfektioniertes Koaxialkabel mit hochwertigen ›Sub-Miniature-A‹ (SMA) Steckverbindungen an beiden Enden. Dieses schneide ich in der Mitte durch und verwende eine der beiden Kabelhälften zum Anlöten an die Photodiode. Wenn du auf das Kabelende (a) schaust, siehst du einen ringförmigen Aufbau um eine einzelne Leitung in der Mitte. Diese ist die Signalleitung.

(a) (b)

Abbildung 6: *Der Querschnitt des Koaxialkabels (links) zeigt den Innenleiter und die Abschirmung. Der Schirm besteht aus einem engen Drahtgeflecht (rechts).*

Achte darauf, dass du eine saubere Schnittkante hast.

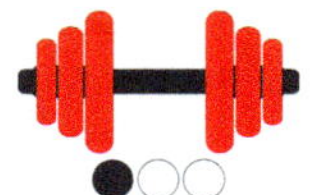

Ein Koaxialkabel weist eine besondere Geometrie der Kabelführung auf, wie hier für ein zweiadriges Kabel gezeigt:

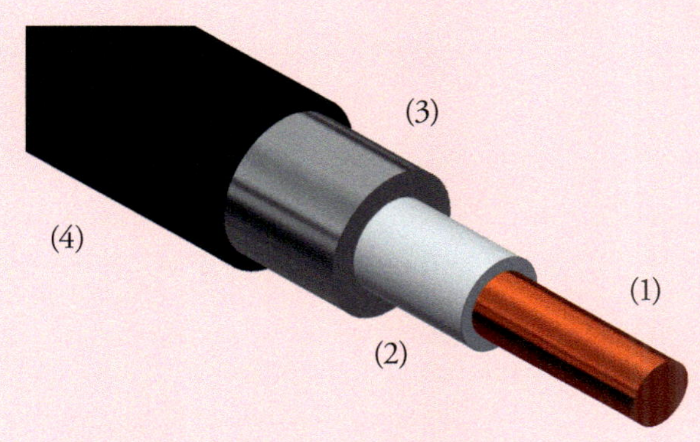

Die Signalleitung (1) verläuft in der Mitte des Kabels und die Masseleitung (3) wird wie eine Röhre um diese herumgeführt. Die Signalleitung ist in eine isolierende Hülle (2) eingebettet, sodass beide Leitungen elektrisch voneinander getrennt sind. Eine Kunststoffhülle (4) sorgt für den Schutz des gesamten Kabelaufbaus gegenüber mechanischen Einflüssen.

Diese röhrenartige Geometrie hat physikalisch eine besondere Funktion. Die Masseleitung stellt einen ›Faradayschen Käfig‹ dar und schirmt die Signalleitung vor äußeren Feldern sehr effizient ab. Das ist auch der Grund, warum die Masseleitung häufig als Schirmleitung, oder einfach nur kurz als ›Schirm‹ bzw. ›Abschirmung‹, und die Signalleitung als Innenleiter bezeichnet werden.

Als nächstes muss der ›Schutzmantel‹ (schwarze Ummantelung) auf einer Länge von ca. 2 cm mit einem scharfen Messer vorsichtig aufgeschnitten und entfernt werden (b). Dadurch wird ein silberfarbenes Drahtgeflecht, der ›Schirm‹, sichtbar. Dieser kann vorsichtig von der Isolation gelöst werden. Hierbei ist es meist hilfreich, wenn das Drahtgeflecht ein wenig entflochten und zunächst in zwei Hälften aufgeteilt wird, wie im Bildteil (c) gezeigt.

(c) (d)

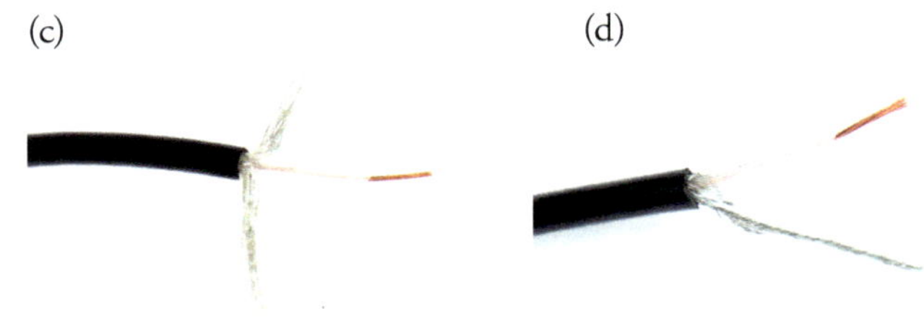

Abbildung 7:
Entfernter Schutzmantel und freigelegte Signalleitung (links). Verdrillung des Drahtgeflechts zu einer Litze (rechts)

Dann wird das Drahtgeflecht zu einer dickeren Litze verdrillt (d) und die Isolation um die Signalleitung auf einer Länge von ca. 1 cm entfernt. Die Isolation ist meist recht weicher Kunststoff und lässt sich sehr gut mit einer (nicht allzu scharfen) Schere abtrennen. Die Signalleitung darf dabei nicht beschädigt werden!

Nun kann die Photodiode angelötet werden, wie in (e) gezeigt.

AUFGEPASST BEIM LÖTEN!

Beim Löten werden die Lötspitze, die Bauteile, die Drahtenden und die Anschlussdrähte sehr heiß! Verbrennungsgefahr!

Bauteile immer gut – mindestens 10 Minuten – abkühlen lassen.

(e) (f)

Abbildung 8:
Angelötete Photodiode (links). Ein Schrumpfschlauch scchützt die Anschlüsse (rechts)

Für die richtige Polung muss der lange Anschlussdraht (›Anode‹) an den Innenleiter angelötet werden. Entsprechend ist der kurze Kontakt (›Kathode‹) an die Abschirmung zu löten. Innenleiter bzw. Drahtgeflecht werden auf die passende Länge gekürzt. Die unterschiedliche Länge der beiden Kontakte hat hierbei einen weiteren Vorteil: Die Lötstellen liegen versetzt nebeneinander und können sich nicht berühren. Dadurch wird ein elektrischer Kontakt zwischen beiden verhindert. Der Innenleiter sollte noch mit etwas Klebeband isoliert werden.

Nun müssen noch die Kontakte vor mechanischen und elektrischen Einflüssen von außen geschützt werden. Das kann mit einem Isolierklebeband gemacht werden. Besser ist die Verwendung eines 5 cm langen Stücks Schrumpfschlauch, das über das Kabel bis zu den Kontaktdrähten gezogen und mit einem Feuerzeug erhitzt wird.

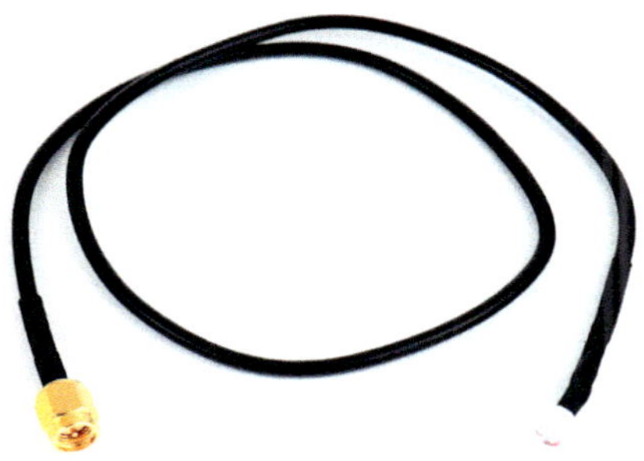

Abbildung 9:
Foto des fertigen Kabels mit Photodiode und SMA-Stecker

Das Kabel ist jetzt fertig und kann in die Streukugel eingebaut werden. Dazu einfach die oberste 4 x 4 LEGO® Platte von der Streukugel entfernen und die Photodiode in das darunter liegende Loch einstecken. Die Anschlussdrähte kannst du dann vorsichtig zur Seite abwinkeln, sodass die 4 x 4 Platte wieder aufgesteckt werden kann. Die Diode passt dann sehr gut in das Loch hinein! Zum Schluss kann die Platte mit der Photodiode wieder auf der Streukugel befestigt werden.

Abbildung 10:
Foto des fertigen Kabels mit Photodiode und SMA-Stecker in passender LEGO®-Halterung

Solange du es nicht brauchst, kannst du das Kabel mit der Photodiode auch in einem Kreis aufwickeln. Dabei solltest du einen Biegeradius unterhalb von 5 cm nicht unterschreiten, da das Kabel ansonsten brechen kann.

Im folgenden Hack beginne ich mit dem Aufbau der Messelektronik.

Laser-Hack 3: Lötpaste aufrakeln

Abbildung 11: *Foto der fertig vorbereiteten Leiterplatte. Die Lötpaste ist präzise an allen Kontaktstellen aufgetragen (gräulich/silbern), an denen später die Elektronikbauteile aufgelötet werden.*

In diesem Laser-Hack wird die Leiterplatte vorbereitet, die für den Aufbau der Messelektronik benötigt wird. Hierbei ist der zentrale Arbeitsschritt das Auftragen der Lötpaste auf die zahlreichen Kontakte der Leiterplatte. Dies wird auch als ›Rakeln‹ bezeichnet. Da sehr kleine Elektronikbauteile verwendet werden und die Kontaktpunkte sehr eng beieinander liegen, ist eine hohe Präzision erforderlich. Zur Vereinfachung des gesamten Aufbaus habe ich eine Leiterplatte entworfen, bei der die elektronischen Bauteile nur auf der Oberseite platziert werden müssen. Für diesen Hack werden die folgenden Bauteile benötigt:

Die Dateien für die Bestellung der Leiterplatte habe ich auf unserer Webseite sowie direkt bei dem Leiterplattenhersteller aisler.net hinterlegt.

Anzahl	Artikelname	Art. Nr.
1	Lötpastenschablone	RK-10043
4-6	Magnete	S-08-06-N52N
1	Basisplatine inkl. Stencil	https://aisler.net/p/QKVCPSOY
1	Lötpaste	SMD291SNL10

Die folgenden Fotos zeigen die 1,6 mm dicke Leiterplatte, wie ich sie vom Leiterplattenhersteller Aisler B.V. erhalten habe.

Die Leiterplatte kann bei allen (online-)Leiterplattenherstellern und in unterschiedlichen Farben gefertigt werden. Beachte: Die Kosten für die Lieferung sind höher als die Leiterplatte selbst, sodass am besten gleich 3-5 Stück bestellt werden. Dann ist es auch nicht schlimm, wenn beim Aufbau einmal etwas schief geht. Auch sind Bestellungen für mehrere Aufbauten und/oder für Freunde möglich.

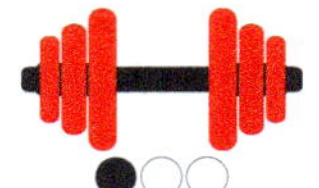

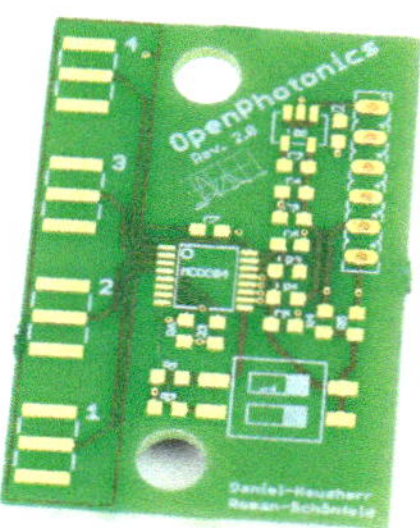

Abbildung 12:
Foto der Vorder- (links) und Rückseite (rechts) der Leiterplatte, wie sie vom Leiterplattenhersteller geliefert wurde. Bei der Bestellung habe ich eine grüne Platte ausgesucht. Du kannst auch andere Farben bestellen.

Zu beachten sind die unterschiedlichen Lieferzeiten bei den unterschiedlichen Herstellern: Günstige Leiterplatten werden vorzugsweise in Asien gefertigt und haben längere Lieferzeiten.

Leiterplatten stellen das Grundgerüst elektronischer Schaltungen dar und werden kurz als PCB bezeichnet (englisch: ›Printed Circuit Board‹). Als Trägermaterial wird glasfaserverstärkter Kunststoff verwendet. Auf der Ober- und Unterseite sind Leitungen und Kontakte (meist) durch photochemische Belichtungsverfahren aufgebracht und verbinden in der aufzubauenden elektronischen Schaltung die einzelnen Komponenten miteinander. Die Kontakte dienen zudem als mechanische Befestigung für die Elektronikbauteile. Bauteile können sowohl auf der Oberseite aufgelötet werden als auch als sogenannte ›Durchsteckbauteile‹ durch Bohrungen in der Leiterplatte fest montiert werden.

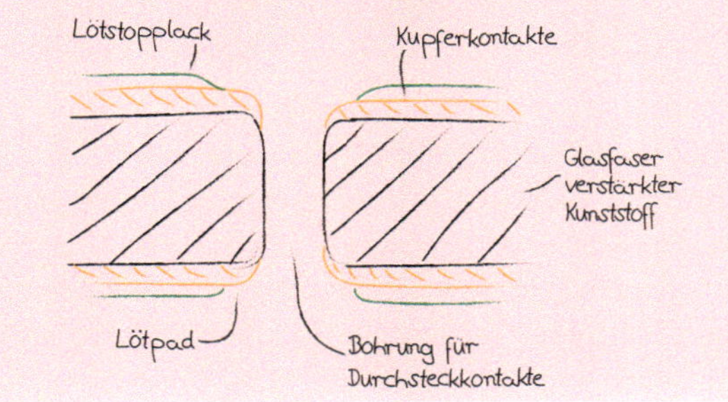

Zum Schutz der empfindlichen Leitungen, die meist aus Kupfer bestehen, ist der größte Teil der Leiterplatte mit einem Lötstopplack überzogen – nur die Kontaktstellen werden freigelassen. Dadurch wird erreicht, dass beim Anlöten der Bauteile Lötzinn nur auf den dafür vorgesehenen Flächen haftet. Vom Lack ausgesparte Flächen bezeichnet man als »Lötpad«.

Schritt 1: Für das Rakeln der Lötpaste muss die Leiterplatte (PCB) flächig eingespannt werden. Hierbei darf die Spannvorrichtung nicht über die Platte herausragen oder Teile der Platte verdecken. Ich verwende ein Magnetboard, wie in der Abbildung gezeigt. Es handelt sich um eine Metallplatte mit einem Anschlagswinkel und Aufbauhöhe von 1,6 mm. Das PCB kann dadurch mit einer Platte mit Aussparung, die ebenfalls 1,6 mm dick ist, und zwei Magneten in der Ecke angelegt und fixiert werden.

Abbildung 13:
Foto der Leiterplatte, die auf einem Magnetboard angelegt und fixiert ist

Schritt 2: Jetzt muss der ›Stencil‹ auf der Leiterplatte passgenau positioniert werden. Der Stencil besteht meist aus Edelstahl und hat genau an den Stellen Aussparungen, wo sich auf dem PCB die Lötpads befinden. Daher wird dieser auch am besten bei dem Hersteller der Leiterplatte mitbestellt. Der Stencil hat die Funktion einer mechanischen Maske, sodass die Lötpaste einfach, sauber und präzise auf die Kontakte aufgebracht werden kann. Dazu legst du den Stencil auf die Leiterplatte und richtest ihn solange aus, bis alle Lötpads vollständig durch die einzelnen Öffnungen zu sehen sind.

Dann wird der Stencil mit einem starken Magneten im Randbereich fixiert, sodass die Maske beim Auftragen der Lötpaste im nächsten Schritt nicht verrutscht und du genügend Platz zum Auftragen der Lötpaste hast. Sollte hierbei einer der Magneten verrutschen, die die Leiterplatte fixieren, ist es notwendig, wieder mit Schritt 1 zu beginnen.

Abbildung 14:
Foto des Stencils, der präzise auf der Leiterplatte positioniert wurde. Die Magnete sind weit am Rand positioniert, damit die Lötpaste problemlos aufgetragen werden kann.

Schritt 3: In diesem Schritt wird die Lötpaste aufgetragen. Dazu wird zuerst eine ca. 3 cm lange Spur neben die Öffnungen auf den Stencil aufgetragen. Die Lötpaste darf dabei nicht in die Öffnungen selbst aufgetragen werden.

Ich verwende hier bleifreie Lötpaste. Das schont die Umwelt und deine Gesundheit.

Jetzt wird die Lötpaste über den Stencil gestrichen und verteilt. Dazu kann jede flache Plastikkarte verwendet werden. Ich habe sehr

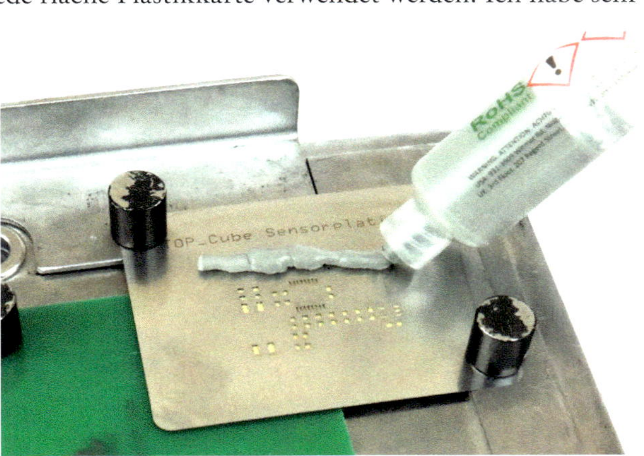

Abbildung 15:
Auftragung der Lötpaste neben den Aussparungen für die Kontaktpads

gute Erfahrungen mit scheckkartengroßen Rabattkarten, bspw. aus dem Bau- oder Supermarkt, gemacht. Wichtig ist, dass die Lötpaste mit diesem ›Rakel‹ in möglichst einer einzigen fließenden Streichbewegung und möglichst gleichmäßig über die Stencilfläche verteilt wird.

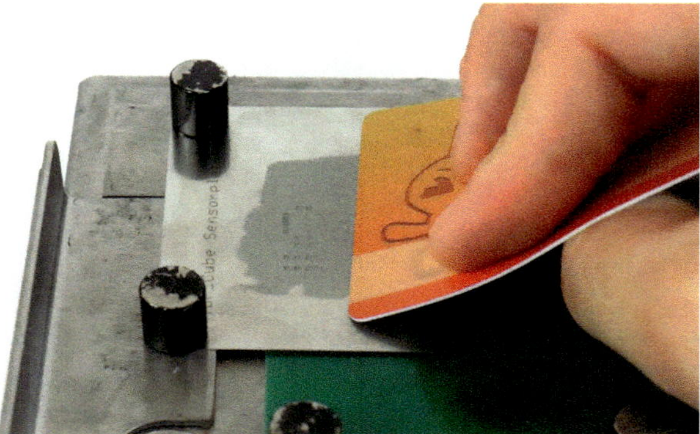

Abbildung 16:
Die Lötpaste wird mit einer Plastikkarte gleichmäßig und mit einem Winkel von 45 Grad über den Stencil gestrichen und verteilt

Durch Reinigen kannst du Schritt 3 beliebig wiederholen. Am besten funktioniert das mit Isopropanol aus der Apotheke.

Ob das Rakeln gelungen ist, kann man einfach feststellen: Hierzu ist zu prüfen, ob sich in allen Öffnungen des Stencils Lötpaste befindet und die goldene Farbe der Lötpads nicht mehr zu sehen ist. Natürlich ist das Rakeln der Lötpaste auf den Stencil Übungssache und beim ersten Mal sind ggf. mehrere Anläufe nötig. Ich habe es auch nicht gleich geschafft.

Ein paar Tipps dazu: Achte darauf, dass der Winkel der Kreditkarte beim Rakeln ca. 45 Grad zum Stencil beträgt. Versuche, möglichst nicht mehrfach mit dem Rakel über den Stencil zu streichen. Hierdurch drückst du sonst zuviel Lötpaste zwischen Stencil und Leiterplatte und es kann zu einem Kurzschluss zwischen Lötpads kommen. Wenn es nicht geklappt hat, kann der Vorgang wiederholt werden, indem der Stencil und die Leiterplatte mit einem Papiertuch und etwas Spiritus gereinigt werden.

Schritt 4: Jetzt wird der Stencil von der Leiterplatte entfernt. Zuerst nimmst du die Magneten weg und hältst dabei den Stencil am Rand fest, sodass sie nicht verrutschen können. Dann kann der Stencil abgehoben werden. Am besten wird der Stencil möglichst senkrecht nach oben abgehoben, sodass die Lötpaste nicht auf der Leiterplatte

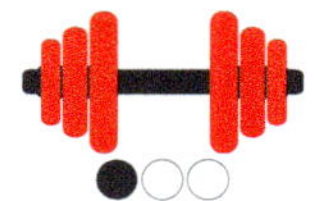

verwischen kann. In der Abbildung ist die fertige PCB gezeigt. Die Lötpaste überdeckt die goldenen Pads und ist als leicht gräuliche Erhebung auf allen Lötpads zu erkennen.

Falls beim Abheben Lötpaste verwischt oder auf der Leiterplatte Lötpaste in die Bereichen zwischen den Lötpads zu sehen ist, kann der Vorgang wiederholt werden. Am einfachsten ist es, die Leiterplatte dazu komplett aus der Schablone zum Reinigen herauszunehmen und beim ersten Schritt zu beginnen.

Ein paar Lötpads bleiben ohne Lötpaste, da diese später für das Anlöten der Photodiode und der Durchsteckbauteile benötigt werden.

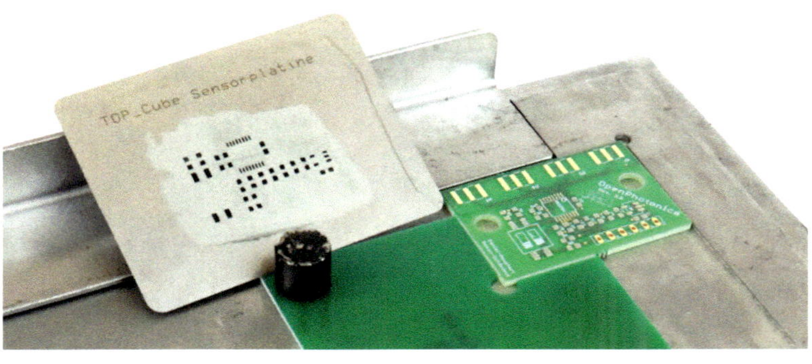

Abbildung 17: *Leiterplatte nach Abheben des Stencils. Die aufgerakelte Lötpaste ist als leicht gräuliche Erhebung auf dem PCB zu erkennen.*

Wenn die Lötpaste sehr gut auf der Leiterplatte verteilt ist, geht es mit dem Bestücken im nächsten Laser-Hack weiter.

Laser-Hack 4: Leiterplatte bestücken

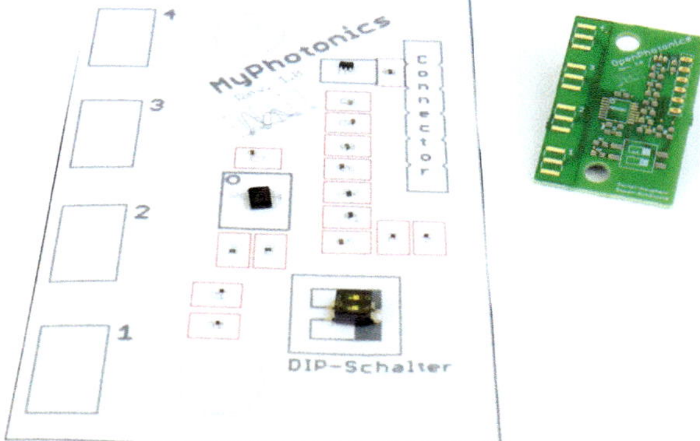

Abbildung 18:
Foto der Bestückungsschablone mit SMD Komponenten sowie der Leiterplatte mit aufgerakelter Lötpaste

In diesem Laser-Hack werden die sehr kleinen Elektronikbauteile auf die Lötpads der Leiterplatte platziert. Hierzu werden eine ruhige Hand, etwas Geschick, eine feine Kunststoffpinzette und die folgenden Bauteile benötigt:

Die Bestückungsliste und -schablone findest du auch auf unserer webseite www.1000laserhacks.de.

Angegeben sind die Bauteilbezeichnungen und Artikelnummern des Onlinehändlers mouser.de.

Anzahl	Artikelname	Art.-Nr.	Kürzel
1	SMD 0603 0 Ohm	CRCW06030000Z0EAC	R6
2	SMD 0603 2.7 kOhm	SFR03EZPF2701	R4, R5
1	SMD 0603 3.3 MOhm	CRCW06033M30FKEAC	R3
2	SMD 0603 10 kOhm	SFR03EZPF1002	R1, R2
1	SMD 0603 Bead 100MHz 1kOhm 200 mA	74279266	LR1, LR2
1	LDO 100 mA, Low Noise	LT1761ES5-BYP#TRPBF	LDO
1	Sensor-Schnittstelle	AS89010	MCDC04
1	DIP-Schalter	A6S-2102-H	DIP
1	PIN-Header 2.54mm 6 Position	78511-406	Connector
1	SMD 10 Volt 1 uf	C0603C105K8PLR	C1

Anzahl	Artikelname	Art.-Nr.	Kürzel
1	RF-Steckverbinder SMA Female Edge Mount	CON-SMA-EDGE-S	1
1	SMD 0603 100 nf X7R 50V	06035C103J	C2
1	SMD 0603 10 uF, 6.3 VDC	JMK107ABJ106KAHT	C3
4	SMD 0603 0.1 uF, 50 VDC	06035G104ZAT2A	C4, C5, C6, C7
1	Lötmittel Paste Sn96.5/Ag3.0/Cu0.5	TS391SNL10	

Es handelt sich um sogenannte SMD-Bauteile (engl.: Surface-Mounted Device), die ausschließlich auf der Oberseite der Leiterplatte verlötet und befestigt werden. Hierdurch unterscheiden sie sich von Durchsteck-Bauteilen, die durch Löcher in die Leiterplatte gesteckt und zum Teil beidseitig verlötet werden. Diese werden erst ab Laser-Hack 6 eingelötet, da hierzu ein Lötkolben verwendet wird.

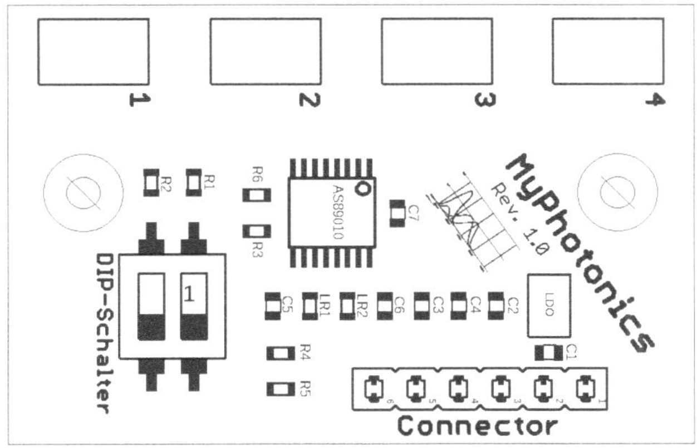

Abbildung 19: *Bestückungsschablone für die Positionierung der SMD-Bauteile. Die Bauteilkürzel sind in der Tabelle aufgelistet.*

Die Bestückungsschablone hilft dabei, die genaue Stelle der Leiterplatte zu erkennen, an denen die einzelnen SMD-Bauteile platziert werden müssen.

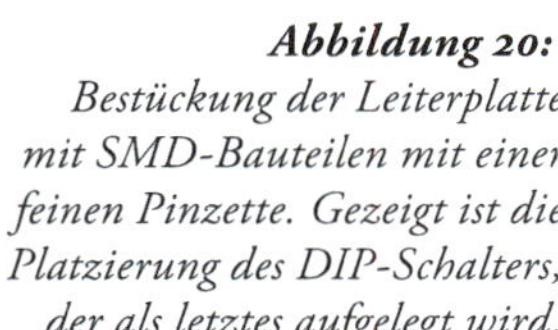

Abbildung 20:
Bestückung der Leiterplatte mit SMD-Bauteilen mit einer feinen Pinzette. Gezeigt ist die Platzierung des DIP-Schalters, der als letztes aufgelegt wird.

Zunächst sollten alle SMD-Bauteile ausgelegt und entsprechend des Bestückungsplan, der Bauteilkürzel und Positionen vorsortiert werden. Vorsicht: Die Bauteile sind sehr empfindlich und können durch elektrostatische Aufladung beschädigt werden. Daher sollte dieser Arbeitsschritt nicht auf Teppich oder Kunststoffuntergrund durchgeführt werden. Schau dir auch alle Bauteile kurz an: Sie haben Kontaktenden bzw. abstehende Kontaktbeinchen.

Jetzt kann mit dem Bestücken begonnen werden. Am besten nimmst du hierzu eine Pinzette mit feiner Spitze. Jedes SMD-Bauteil wird einzeln aufgegriffen, auf die Lötpunkte aufgelegt und mit ein wenig Druck in die Lötpaste gedrückt. Als Reihenfolge wird am besten mit den kleinen Bauteilen begonnen, also den Widerständen R1 bis R6, den Kondensatoren C1 bis C7 und den Ferriten LR1 & LR2. Es ist bei diesen Bauteilen egal, in welcher Richtung sie eingebaut werden. Wichtig ist aber, dass die Kontaktenden der SMD-Bauteile ausreichend Kontakt mit der Lötpaste auf beiden Lötpads haben.

Als nächtstes sind die größeren Bauteile an der Reihe: der LDO, der große IC-Baustein AS89010 und der DIP-Schalter. Bei dem IC-Baustein musst du auf die richtige Einbauposition achten: Dafür hat dieser eine Markierung an einer Ecke in Form einer kleinen kreisförmigen Mulde. Der Baustein muss so platziert werden, dass die Mulde mit der Position des kleinen Kreises, der auf der Leiterplatte an der Stelle des AS89010 aufgedruckt ist, übereinstimmt.

Beim Bestücken ist unbedingt darauf zu achten, dass Bauteile, die bereits bestückt sind, nicht berührt bzw. verschoben werden. Sollte das dennoch passieren, musst das letzte Bauteil entfernt und geprüft werden, ob sich die Lötpaste verwischt hat und alle weiteren Bauteile sich an ihrer richtigen Position befinden.

Abbildung 21:
Foto der fertig bestückten Leiterplatte mit allen SMD-Bauteilen

Die Leiterplatte ist nun fertig bestückt und kann verlötet werden.

Laser-Hack 5: SMD-Bauteile verlöten

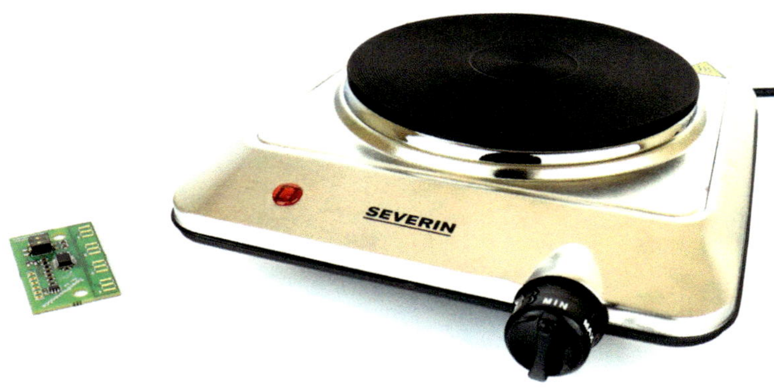

Abbildung 22:
Foto der Herdplatte, mit der die SMD-Bauteile auf der Leiterplatte verlötet werden

Beim Verlöten mit der Kochplatte kann Lötpaste auf die Plattenfläche gelangen. Die Kochplatte sollte daher möglichst nicht mehr für das Kochen eingesetzt bzw. nach dem Löteinsatz sehr gut gereinigt werden.

In diesem Laser-Hack erfolgt das Verlöten der SMD-Bauteile auf der Leiterplatte mit einer elektrischen Kochplatte. Hierzu werden die bereits bestückte und vorbereitete Leiterplatte, eine kleine Zange und eine herkömmliche elektrische Kochplatte benötigt, wie in der Abbildung gezeigt.

Ich habe eine sehr günstige Kochplatte mit einer elektrischen Leistung von 1.000 W im Online-Handel für unter 15 EUR gekauft. Platten mit höherer Leistung funktionieren auch. Vielleicht findest du eine solche Kochplatte noch im Keller oder auf dem Dachboden?

Zu Beginn der Arbeiten sollte die Herdplatte kalt sein und in einem gut belüfteten Raum stehen. Am besten erfolgt das Verlöten mit offenem Fenster und bei leichtem Durchzug. Die Dämpfe, die beim Lötvorgang entstehen, sind zwar nicht wirklich giftig, riechen aber teilweise etwas unangenehm.

Die Zange sollte so groß und so geformt sein, dass hiermit die Leiterplatte sicher angehoben und abgelegt werden kann. Probier es vor dem Löten ruhig einmal aus, damit du etwas Übung bekommst.

Die Leiterplatte kann dann auf der kalten Kochplatte abgelegt werden. Am besten eignet sich der Bereich der Kochplatte, der viele Rillen aufweist. Das ist meist nicht in der Mitte. Dadurch wird sichergestellt, dass die Leiterplatte möglichst gleichmäßig erwärmt wird.

Vor dem Einschalten solltest du dir die Farbe der Lötpaste an den SMD-Bauteilen noch einmal genau anschauen. Die Lupe in der Abbildung zeigt an den Kontaktpunkten der Kondensatoren, dass die Lötpaste vor dem Verlöten noch grau aussieht und nicht glänzt.

Abbildung 23:
Foto der Lötpaste an den Kondensatoren. Die Lötpaste ist noch grau und glänzt nicht.

Das Kochfeld wird nun auf maximale Heizleistung eingestellt. Zunächst passiert nicht viel, da sich die Platte erst aufheizen muss. Die Lötpaste bleibt in dieser Phase matt-grau. Nach ca. einer bis eineinhalb Minuten beginnt das Flussmittel zu verdampfen und die Platine fängt an zu qualmen. Keine Sorge, das ist völlig normal und zeigt, dass der Prozess richtig abläuft.

Ein paar Sekunden später kannst du beobachten, dass sich die Farbe der Lötpaste verändert. Das passiert, wenn die Lötpaste aufschmilzt. Jetzt heißt es: Aufgepasst! In der Abbildung ist die Farbveränderung

Abbildung 24:
Beim Erhitzen verändert sich die Farbe der Lötpaste. Sie wird glänzend und zieht sich etwas zusammen.

deutlich erkennbar. Die Lötstellen glänzen jetzt metallisch und sind etwas zusammengeschrumpft. Diese SMD-Bauteile sind schon einmal richtig mit Lötzinn kontaktiert.

Meistens fängt die Lötpaste in einer Ecke des PCB als erstes an zu schmelzen, da sich die Wärme der Kochplatte nicht überall gleich verteilt. Es ist daher sehr wichtig zu warten, bis die Lötpaste an allen Pads und Kontakten geschmolzen und glänzend geworden ist. Keine Sorge! Die SMD-Bauteile und die Leiterplatte halten die hohen Temperaturen aus und gehen nicht sofort kaputt.

VORSICHT VERBRENNUNGS-GEFAHR!

Das Löten mit der Herdplatte sollte immer beobachtet werden!

Sobald die Lötpaste überall geschmolzen ist, nimmst du die Leiterplatte mit der Zange (nicht mit den Fingern, die Platte ist jetzt über 220 °C heiß!) vorsichtig und waagerecht von der Herdplatte herunter. Zum Abkühlen wird die noch heiße Leiterplatte auf einen wärmeunempfindliche Untergrund gelegt. Ich nehme hierzu meist einen alten Topfuntersetzer oder ein Küchentuch. Der Abkühlvorgang dauert ein paar Minuten. Erst wenn die Lötpaste eine Temperatur unter 45 Grad erreicht hat, kannst du sie in die Hand nehmen. Dies ist nach 10 Minuten sicher der Fall.

Zum Schluss solltest du einen kritischen Blick auf alle Kontaktpunkte werfen. Alle Kontaktstellen sollten glänzende Lötstellen aufweisen. Die Bauteile sollten zudem fest auf der Leiterplatte sitzen. Im Zweifelsfall lassen sich einzelne Kontakte einfach mit einem Lötkolben nachlöten.

Abbildung 25:
Foto der Leiterplatte mit verlöteten SMD-Bauteilen

Laser-Hack 6: Steckverbindungen anlöten

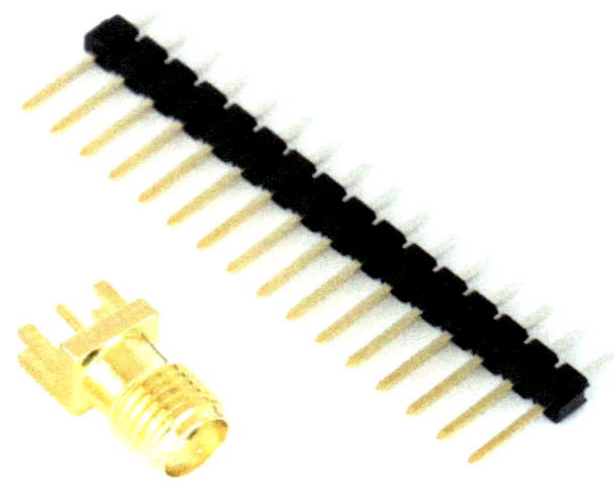

Abbildung 26:
Vorder- und Rückansicht der SMA-Buchse (links) und Stiftleiste (rechts), die in die Leiterplatte eingelötet werden müssen

In diesem Laser-Hack werden die sogenannten Durchsteckbauteile angelötet. Es handelt sich um Bauteile, deren Kontaktdrähte durch die Bohrungen der Leiterplatte durchgesteckt und dann auf der Ober- oder/und Unterseite verlötet werden. Der Vorteil hierbei ist, dass neben der elektrischen Verbindung eine sehr gute mechanische Verbindung entsteht. Diese Art der Verlötung eignet sich daher besonders für das Anlöten von Steckverbindungen.

Neben einem Lötkolben und Lötzinn werden die folgenden Bauteile benötigt:

Anzahl	Artikelname	Art.-Nr.	Firma
1	SMA-Buchse	CON-SMA-EDGE-S	mouser.de
1	Stiftleiste 2,54 mm 1X06, gerade	MPE 087-1-06	conrad.de

Es handelt sich um die SMA-Buchse, an der die Photodiode aus Laser-Hack 2 angeschlossen werden kann und eine Stiftleiste, die im nachfolgenden Laser-Hack für die elektrische und mechanische Verbindung der Elektronik mit einer größeren Leiterplatte mit Mini-Controller, Display und Joystick gebraucht wird.

Die SMA-Buchse schiebst du von der Seite auf die Leiterplatte am Kontaktpunkt Nummer 1 auf. So befinden sich drei Kontakte auf der Ober- und zwei auf der Unterseite. Der mittlere Kontaktdraht auf der Oberseite ist mit der Signalleitung verbunden. Alle anderen

In Laser-Hack 22 werden die drei weiteren Kontaktstellen für den Anschluss von bis zu vier SMA Buchsen benötigt.

vier Kontaktdrähte liegen auf Masse und sorgen zugleich für eine besonders stabile mechanische Befestigung der Buchse. Da die Kontaktdrähte vergleichsweise dick sind, werden die Drähte zuerst für ein paar Sekunden mit dem Lötkolben aufgeheizt, bevor das Lötzinn angehalten wird. Die übrigen 3 Kontaktstellen für SMA Buchsen bleiben unverlötet.

Von der Stiftleiste werden 6 Stifte benötigt. Brich hierzu die Leiste an den Sollbruchstellen in entsprechender Länge ab. Dafür kann auch eine flache Kneifzange genommen werden. An der Bruchstelle sollten alle Stifte noch fest im Kunststoffmantel sitzen. Die 6er Stiftleiste wird nun von unten (!) und mit den kurzen Drahtenden (!) durch die Leiterplatte gesteckt. Die Verlötung erfolgt auf der Oberseite. Es kann passieren, dass die Stiftleiste beim Umdrehen der Leiterplatte wieder herausrutscht. Zur Fixierung hilft dann eine »dritte Hand«, die ich schon in Laser-Hack 2 beschrieben habe.

Wenn alle Kontaktdrähte angelötet sind, sieht die Leiterplatte aus, wie in der Abbildung gezeigt.

Abbildung 27: *Foto der fertig verlöteten Leiterplatte mit SMD-und Durchsteckbauteilen*

Gratuliere, deine Steckverbindungen sind nun fertig verlötet.

Laser-Hack 7: Mit ARDUINO® & Display verlöten

Abbildung 28:
Foto der Hauptplatine und der Bauteile, die zusammen verlötet werden müssen: Lego® Steine, Hauptplatine Leiterplatte aus Laser-Hacks 3-6, Display, ARDUINO® Nano, Joystick, Male-/Female Header, Batterieclip für 9V Block und Ein/Aus-Schalter

In diesem Laser-Hack wird die Messplatine aus Laser-Hacks 3-6 mit einem ARDUINO® Minicontroller, einem Joystick und einem Display erweitert. Die Leiterplatte hierzu ist dabei so entworfen, dass alle Komponenten elektrisch richtig verdrahtet und zugleich mechanisch fest miteinander verbunden werden. Hierzu werden ein Lötkolben, Lötzinn und die folgenden Bauteile benötigt. Artikelbezeichnungen und Nummern beziehen sich auf die Firmen in der letzten Spalte.

Der kostengünstige ARDUINO®-Minicomputer wird zur Erfassung des digitalen Messsignals von der Messelektronik eingesetzt. Dadurch kann die Messung unabhängig von einem Computer erfolgen.

Anzahl	Artikelname	Art.-Nr.	Firma
1	ARDUINO® Nano	A000005	Adafruit.com
1	Adafruit 1.8 TFT LCD Display	EXP-R15-111	Adafruit.com
1	Thumb Joystick	EXP-R05-998	Adafruit.com
4	THT 2.54" Stiftleiste Male	MPE 087-1-016	Reichelt.de
1	THT 2.54" Stiftleiste, Female	MPE 094-1-010	Reichelt.de
1	Einfacher Ein/Aus-Schalter	T 217	Reichelt.de
1	Batterieclip für 9V Block	HALTER 9VI	Reichelt.de
1 m	Kabel 1 x 0,14 mm2, isoliert, rot	LITZE RT	Reichelt.de
1	Leiterplatte		Aisler.net
2	LEGO® Plate, Round 1x 1 Black	4073	Bricklink.com
1	Leiterplatte aus Laser-Hacks #3-#6		

Die Leiterplatte kannst du unter folgendem Link bestellen: https://aisler.net/p/SFMACUBT

Auf unserer Webseite www.1000laserhacks.de findest du auch ein Video vom Zusammenbau der Hauptplatine.

Den Zusammenbau habe ich in drei Schritte unterteilt.

Schritt 1: Zunächst werden die Durchsteckverbindungen mit den Stiftleisten verlötet. Lege dazu den ARDUINO® Nano, den Joystick, das Display und die Leiterplatte aus Laser-Hack 6 vor dich hin. Die folgende Abbildung zeigt, wo welche Komponente auf der Hauptplatine eingelötet werden muss.

Abbildung 29:
Erster Schritt des Zusammenbaus der Hauptplatine mit ARDUINO® Nano, Joystick und Leiterplatte

Zu Beginn werden zwei 15er Stiftleisten an den ARDUINO® Nano angelötet. Diese werden von der Unterseite mit der kurzen Stiftseite durchgesteckt und an der Oberseite verlötet. Da es insgesamt 30 Lötverbindungen sind, sollten alle Lötstellen kontrolliert werden, bevor der ARDUINO® Nano in die Hauptplatine gesteckt und dort von der Unterseite aus eingelötet wird. Sobald dies erfolgt ist, wird die Leiterplatte aus Laser-Hacks 3-6 eingelötet. Hierbei helfen zwei Abstandshalter aus zwei LEGO®-Rundsteinen, die in die zwei großen Löcher in der Leiterplatte eingeklickt werden können und die Leiterplatte für den Lötvorgang der sechs Drahtstifte an der Unterseite der Hauptplatine mechanisch fixieren. Danach erfolgt das Einlöten des Displays mit einer 10er Stift- sowie Buchsenleiste. Das Display kann so später in die Hauptplatine ein- und ausgesteckt werden. Die Stiftleiste wird in die Displayplatine und die Buchsenleiste in die Hauptplatine eingesteckt und verlötet. Zuletzt muss der Joystick angelötet werden. Dieser kann in nur einer Position eingesteckt werden, sodass hier nichts falsch gemacht werden kann.

Die Reihenfolge des Verlötens ist aus baulichen Gründen wichtig: Erst den ARDUINO® Nano, dann das Display und dann den Joystick.

Schritt 2: In diesem Schritt werden die Kabel für die Spannungsversorgung an die Platine angelötet, wie in der folgenden Abbildung gezeigt.

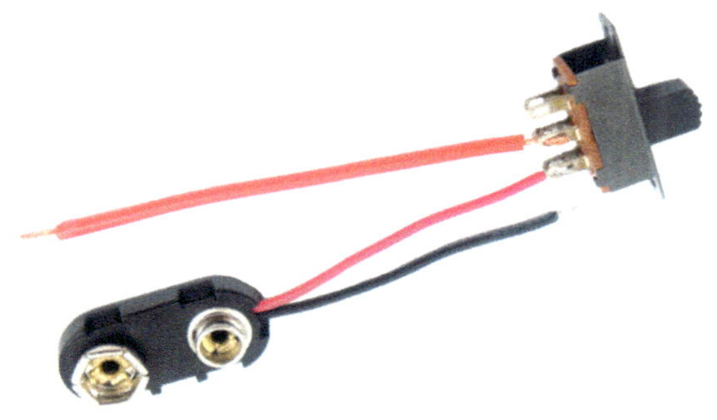

Abbildung 30:
Foto der Verkabelung des 9V Batterieclips mit dem Schalter

Es sind zwar nur vier Kontaktpunkte zu verlöten. Allerdings muss unbedingt auf die richtige Polung geachtet werden. Zudem erfordert das Einlöten der flexiblen Kabel in die Hauptplatine eine Verzinnung der Kabellitzen. Ich verwende daher die rote Litze für die ›+‹-Leitung und die schwarze Litze für die ›-‹ Leitung. Der Schalter gehört dabei in die ›+‹ Leitung, wie skizziert:

Abbildung 31:
Skizze der Verdrahtung des Schalters mit dem Batterieclip

Die Kabelenden des 9V-Batterieclips sind meistens bereits abisoliert und vorverzinnt. Daher muss nur eine weitere rote Litze mit gleicher Länge abgeschnitten und an beiden Enden abisoliert werden. Die Kupferleitung besteht aus vielen kleinen Kupferdrähten, die zuerst verdrillt werden müssen. Danach können beide Enden verzinnt werden. Hierzu erhitze ich zuerst die Enden mit dem Lötkolben und schmelze das Lötzinn mit der Litze auf. So werden die besten Lötergebnisse erzielt.

Anleitungen zum Löten finden sich auch im Internet, beispielsweise auf der Webseite von www.conrad.de.

Jetzt werden das rote Kabel des 9V-Batterieclips und die rote Litze an den Schalter angelötet. Auch hier hilft es, wenn zuerst die Kontaktstifte des Schalters verzinnt werden.

Die nun verbleibenden beiden Enden des schwarzen und roten Kabels (ca. 5 mm Länge) müssen an die Hauptplatine angelötet werden. Dazu befinden sich zwei Kontaktpunkte auf der Hauptplatine die in der Abbildung und auf der Platine mit ›+‹ und ›-‹ gekennzeichnet sind.

Achte auf die richtige Polung! Das rote Kabel muss mit dem ›+‹ Lötkontakt und das schwarze mit ›-‹ verbunden werden!

Abbildung 32:
Hauptplatine mit Ein/Aus-Schalter und Batterieclip für einen 9V Block

Leg hierzu die Platine vor dich hin, sodass die Bauteilseite nach oben zeigt, die aufgesteckte Leiterplatte sowie Displayanschluss sich oben und der Joystick und ARDUINO® Nano an der unteren Seite befinden. Rechts befindet sich dann die längliche, rechteckige Aussparung, über der sich die beiden Lötpunkte befinden.

Schritt 3: Jetzt wird das LC-Display über den Stiftleisten aufgesteckt. Hierbei ist darauf zu achten, dass alle Stifte in der Buchsenleiste der Hauptplatine (links oben) stecken. Es darf kein Stift unkontaktiert bleiben und es darf kein Stift verbogen werden. Wenn alles richtig gemacht ist, sieht die Hauptplatine nun so aus, wie in der Abbildung gezeigt.

Abbildung 33:
Fertig zusammengebaute Hauptplatine

Zum Schluss müssen der gesamte Zusammenbau und alle Kontakte überprüft werden. Das ist notwendig, da nun sehr viele Kontaktpunkte an- und eingelötet wurden. Ein Fehler ist da schnell passiert. Ich kontrolliere die Lötpunkte immer der Reihe nach und nutze dazu die Positionierhilfe der folgenden Abbildung. Zu prüfen ist dabei nicht nur, ob die Lötkontakte verlötet sind, sondern auch, ob die Lötpunkte gut aussehen. Schlechte Lötpunkte sind einfach zu erkennen: Entweder sehen diese wie große Löttropfen aus, oder die Lötstelle ist weißlich matt. Zur Sicherheit kann nachgelötet werden. Also den Lötkolben noch einmal kurz anhalten und die Lötstelle aufschmelzen. Zu viel Lötzinn kann einfach abgeschüttelt werden.

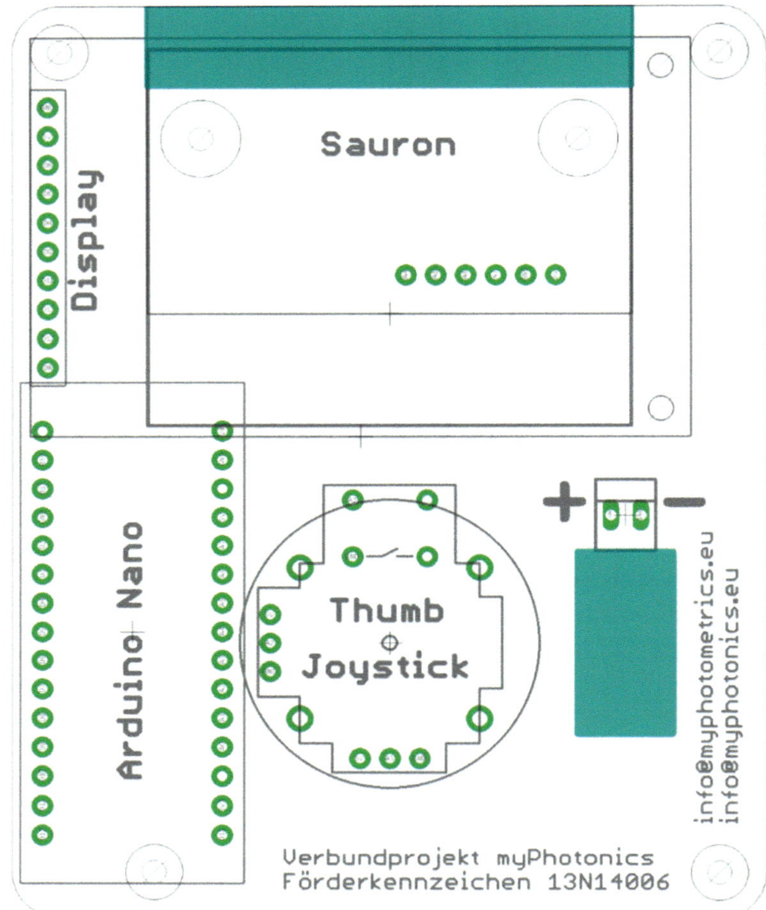

Abbildung 34:
Positionierungshilfe für die Kontrolle der Lötpunkte

Wenn alles gut aussieht, ist ein wichtiger Laser-Hack abgeschlossen und du kannst mit dem nächsten Laser-Hack weitermachen.

Laser-Hack 8: Firmware aufspielen

Abbildung 35:
Foto der aufgebauten Elektronik, die an einem Laptop per USB-Kabel angeschlossen ist

Bis jetzt stand der Aufbau der Hardware im Mittelpunkt der Laser-Hacks. Jetzt wird die Software auf den ARDUINO® Nano aufgespielt. Die Software ist für die Erfassung der Messsignale, die Umrechnung der Messsignale in eine Laserleistung, die Darstellung auf dem Display und die Erfassung der Eingabe über den Joystick zuständig. Da sie für die Grundfunktionen des Messgeräts verantwortlich ist, wird sie auch ›Firmware‹ genannt. Für das Aufspielen der Firmware werden ein Rechner mit Internetzugang und USB-Buchse sowie ein USB-Kabel benötigt. Ich nehme hierzu meinen Laptop, da ich diesen direkt neben die Hauptplatine stellen und damit sowohl das Laptop-Display als auch die LEDs des ARDUINO®'s im Auge behalten kann. Für die Kabelverbindung mit Laptop oder PC wird ein USB-zu-USB-Adapterkabel benötigt. Am ARDUINO® selbst befindet sich eine Mini-USB-B Buchse.

Die Firmware ist die Software in einem elektronischen Gerät, die für die Grundfunktionen und Kommunikation zwischen den Bauteilen und einem Computer verantwortlich ist.

Sobald alles zusammengetragen ist, kann es losgehen. Zunächst musst du die Software für die Datenübertragung auf den ARDUINO® Nano auf dem Rechner installieren. Die Software, die als integrierte Entwicklerumgebung bezeichnet wird (kurz: IDE = ›integrated development environment‹), wird vom Hersteller lizenzkostenfrei auf der Webseite www.arduino.cc zur Verfügung gestellt.

Die ARDUINO® IDE kannst du auf www.arduino.cc herunterladen.

Im Menüpunkt ›Software‹ wird das Submenü ›Downloads‹ angewählt und die ›ARDUINO® IDE‹ nach Anweisung installiert. Die folgenden Screenshots wurden mit der Versionsnummer 1.8.19 erstellt.

Nachdem du die ARDUINO® IDE heruntergeladen und gestartet hast, sollte folgendes Fenster zu sehen sein.

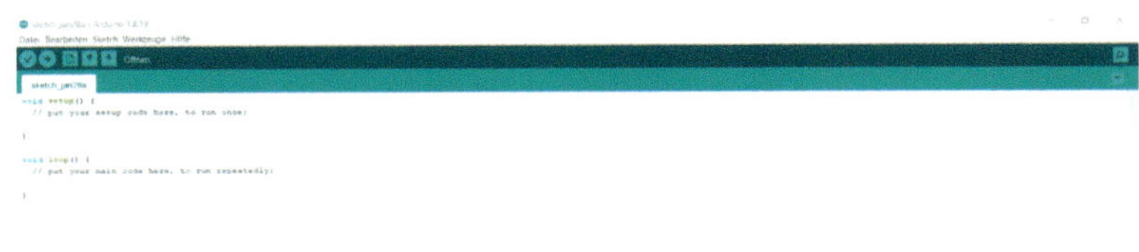

Abbildung 36: *Startbildschirm der ARDUINO© IDE in der Version 1.8.3*

Jetzt wird die Software ›PhotometerEDU‹ benötigt, die auf den ARDUINO® aufgespielt werden soll. Diese Datei ist auf unserer Webseite unter der Rubrik ›Materialien‹ zu finden und kann von dort lizenzkostenfrei heruntergeladen werden. Die Software öffnest du anschließend mit der ARDUINO® IDE, sodass der Bildschirm Folgendes zeigt:

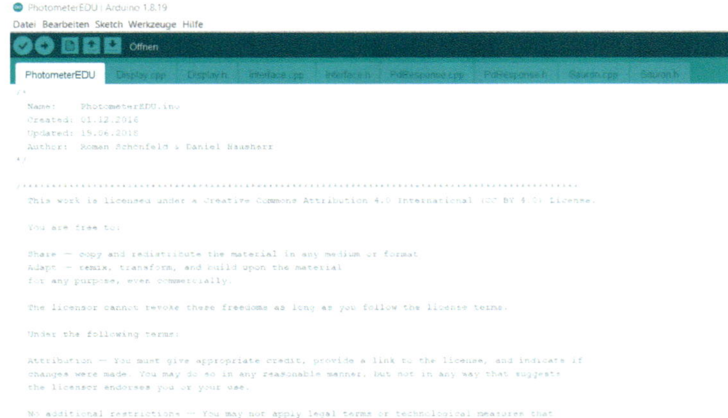

Abbildung 37: *ARDUINO® IDE mit geöffnetem Projekt PhotometerEdu*

Jetzt muss noch eine Bibliothek für die Steuerung des Displays installiert werden. Im Menü ›Sketch‹ den Menüpunkt ›Bibliothek einbinden‹ anklicken und dann ›Bibliotheken verwalten‹ auswählen.

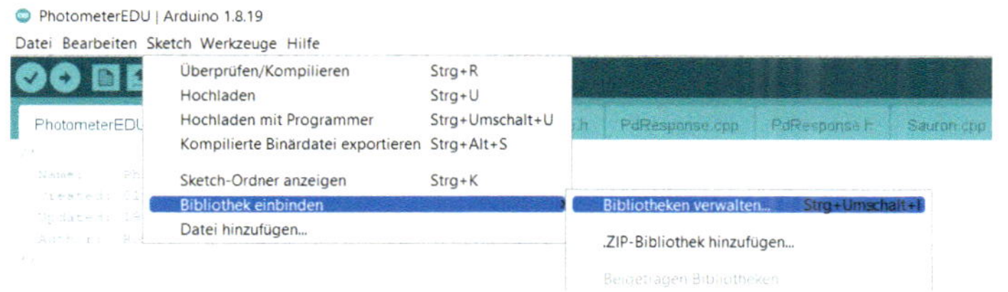

Abbildung 38:
Öffnen des Bibliothekverwalters über das Menü ›Sketch‹

Jetzt öffnet sich ein Fenster mit dem Titel ›Bibliotheksverwalter‹. Oben rechts ist ein Suchfenster zu finden, in das die Bezeichnung der Bibliothek ›adafruit ST7735‹ eingegeben werden muss, wie in der Abbildung gezeigt.

Mit dem Bibliotheksverwalter kannst du Bibliotheken von Drittanbietern ganz leicht in dein Projekt einbinden.

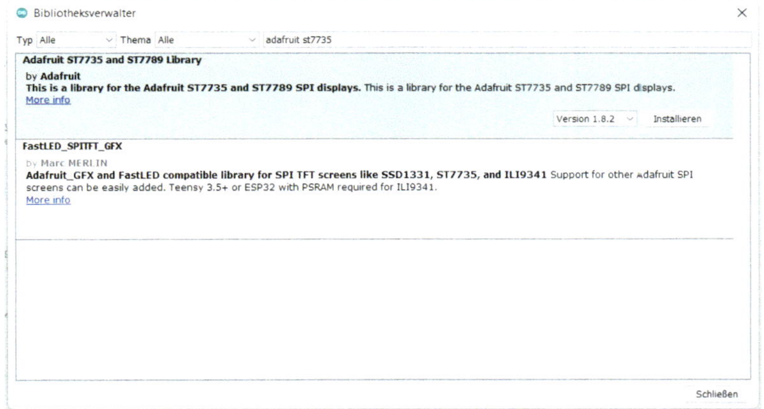

Abbildung 39:
Die Bibliothek ›adafruit ST7735‹ wird gesucht.

Zur Installation mit dem Cursor über den Eintrag gehen, den ›Installieren‹-Button drücken und den weiteren Anweisungen folgen. Ich habe übrigens die Version 1.8.19 verwendet.

Als nächstes muss der ARDUINO® Minicomputer mit dem USB-Kabel mit dem Rechner verbunden werden. Der ARDUINO® wird dadurch mit der Stromversorgung des Rechners verbunden, sodass keine 9V-Blockbatterie erforderlich ist.

Wenn die USB-Verbindung hergestellt ist, muss der ARDUINO® in der ARDUINO® IDE angewählt werden.

Hierzu wird im Menü ›Werkzeuge‹ der Menüpunkt ›Board Arduino‹ und hier das ›Board Arduino Nano‹ ausgewählt.

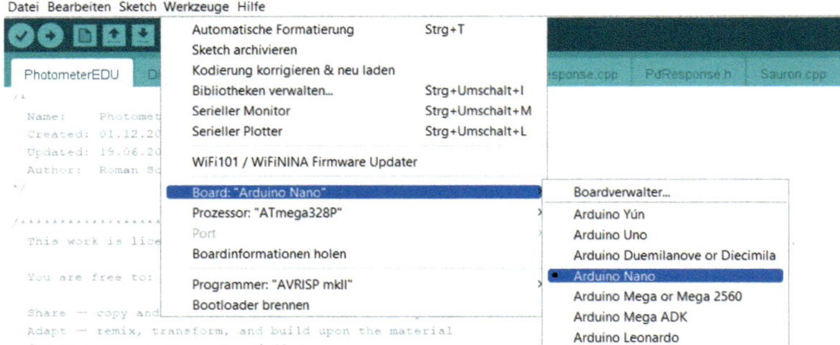

Abbildung 40:
Board ›ARDUINO® Nano‹ im Menü ›Werkzeuge‹ der ARDUINO® IDE auswählen

Als nächstes muss in der IDE die USB-Schnittstelle für das Überspielen der Software eingerichtet werden. Hierzu im Menü ›Werkzeuge‹ den Menüpunkt ›Port‹ anklicken und den richtigen USB-Port auswählen. In meinem Fall ist der ARDUINO® an den Port *COM4* angeschlossen.

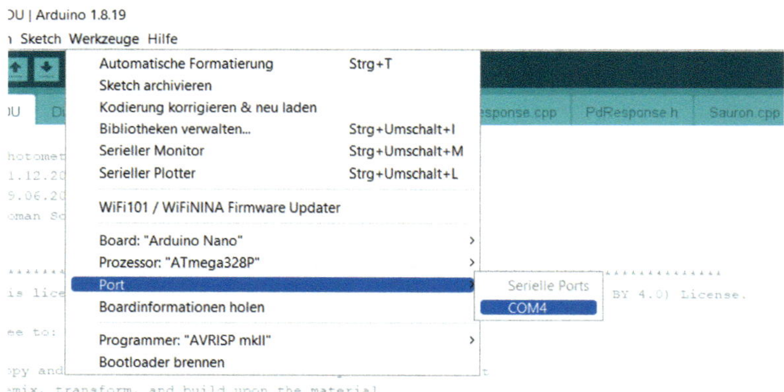

Abbildung 41:
Im Menü ›Werkzeuge‹ den USB-Port auswählen, an dem der ARDUINO® Nano angeschlossen ist

Es ist nicht immer direkt erkennbar, welcher der richtige USB-Port ist. Um das herauszufinden, wird einfach der USB-Stecker am Rechner herausgezogen, sodass der richtige USB-Port in der Anzeige verschwindet und für die erneute Einrichtung, wie oben beschrieben, nach Einstecken des USB-Kabels bekannt ist.

Jetzt ist alles für das Überspielen der Software vorbereitet! Zum Test wird die Software vorab kompiliert. Das erfolgt durch Klicken auf das Haken-Symbol in der ARDUINO® IDE, das ich in der Abbildung rot markiert habe.

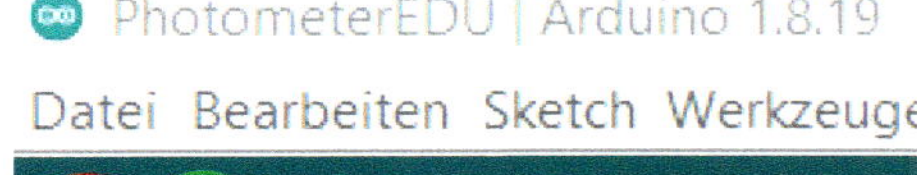

Abbildung 42:
Kompilieren bzw. Überspielen der Software mit der ARDUINO® IDE über den roten bzw. grünen Knopf

Wenn alles richtig installiert ist, sollte die IDE nach ein paar Sekunden den Status »Kompilieren abgeschlossen« anzeigen. Die Übertragung auf den Arduino® Nano startest du mit dem Pfeil-Symbol (grün markiert). Die LEDs auf dem Arduino blinken jetzt und die ARDUINO® IDE zeigt nach wenigen Sekunden ›Übertragung abgeschlossen‹ an. Damit ist das Aufspielen der Software auf den ARDUINO® Nano abgeschlossen.

Die Software wird dauerhaft auf dem ARDUINO® gespeichert. Man nennt diesen Vorgang ›flashen‹.

Laser-Hack 9: Gehäuse aufbauen

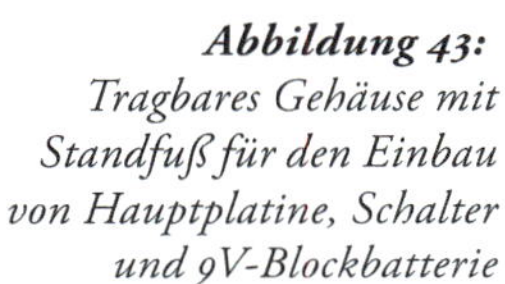
Die Farbgestaltung des Gehäuses ist für die Funktion des Messprinzips nicht von Bedeutung und kann nach eigenem Geschmack gestaltet werden.

Abbildung 43: *Tragbares Gehäuse mit Standfuß für den Einbau von Hauptplatine, Schalter und 9V-Blockbatterie*

Die Hauptplatine mit Schalter und 9V-Blockbatterie müssen nun in ein Gehäuse eingebaut werden, sodass die Elektronik vor Beschädigungen geschützt wird und für den Messbetrieb einfach bedient werden kann. Ich habe das Gehäuse daher so entworfen, dass es sowohl stabil auf einem Tisch aufgestellt als auch sehr gut in der Hand gehalten werden kann. Das Display ist dabei immer sehr gut zu sehen und wird durch den Rand aus LEGO® Bausteinen vor Störlicht abgeschattet. Der Joystick ist so positioniert, dass er sich mit der Hand einfach bedienen lässt. Der An/Aus-Schalter ist etwas in dem Gehäuse versenkt, damit das Gerät nicht versehentlich ausgeschaltet wird.

Für diesen Laser-Hack werden LEGO®-Bausteine und ein 3D-gedruckter Adapterstein für den Schalter benötigt. Die LEGO®-Bausteine mit Artikelnummern der Firma LEGO® System A/S, Dänemark, sind in der folgenden Tabelle aufgelistet.

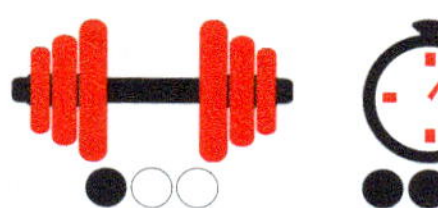

Anzahl	Artikelname	Art.-Nr.	Farbe
2	Brick 1 x 8	3008	Dark Bluish Grey
2	Brick 2 x 2 Corner	2357	Dark Bluish Grey
2	Brick 2 x 6	2456	Dark Bluish Grey
1	Brick 2 x 8	3007	Dark Bluish Grey
2	Brick 2 x 10	3006	Dark Bluish Grey
4	Plate 1 x 1	3024	Black
1	Plate 1 x 1	3024	Dark Bluish Grey
2	Plate 1 x 3	3623	Red
1	Plate 1 x 6	3666	Dark Bluish Grey
1	Plate 1 x 8	3460	Dark Bluish Grey
2	Plate 2 x 3	3021	Red
1	Plate 2 x 4	3020	Dark Bluish Grey
2	Plate 2 x 10	3832	Red
4	Plate 2 x 10	3832	Dark Bluish Grey
1	Plate 2 x 12	2445	Red
4	Plate 4 x 12	3029	Dark Bluish Grey
2	Slope Brick 45 2 x 1 without Centre Stud	3040a	Dark Bluish Grey
2	Slope Brick 45 2 x 2	3039	Dark Bluish Grey
2	Slope Brick 45 2 x 2 Double Convex	3045	Dark Bluish Grey
8	Slope Brick 45 2 x 4	3037	Dark Bluish Grey
2	Technic Angle Connector #1	32013	Black
1	Technic Axle 4	3705	Black
2	Technic Axle 6	3706	Black
4	Technic Brick 1 x 4 with Holes	3701	Dark Bluish Grey
4	Technic Connector (Axle/Bush)	32039	Black
2	Technic Pin Long	32556	Black
3	Tile 1 x 4 with Groove	2431	Red
1	Tile 1 x 6	6636	Red

Zusätzlich wird ein 3D-gedruckter Adapterstein für den Einbau des Schalters benötigt.

Anzahl	Bauteil	Bauteilname
1	Adapter für den Schalter	adapt-brick

Sobald alle Bauteile auf dem Tisch liegen, kann es losgehen.

Auf unserer Webseite findest du die STL-Datei für den Adapterstein und Hinweise zur Beauftragung eines Drucks bei Online Unternehmen. Wenn du einen 3D-Drucker hast, kannst du dir den Adapter selber drucken.

1

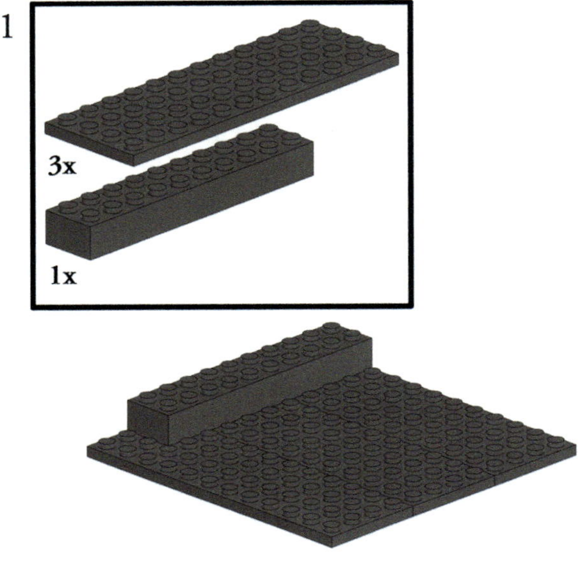

2

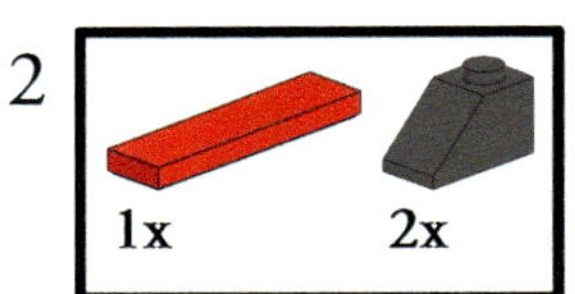

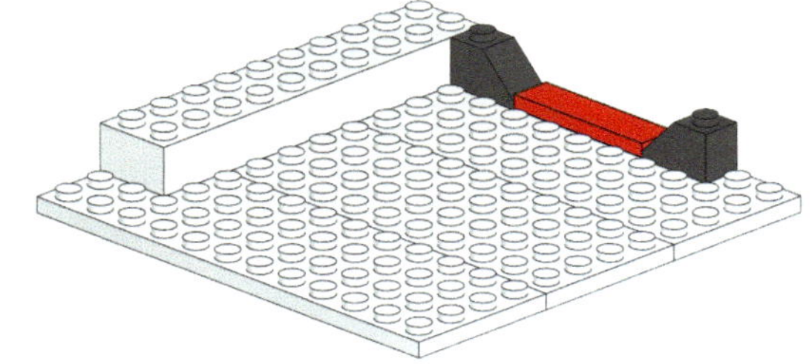

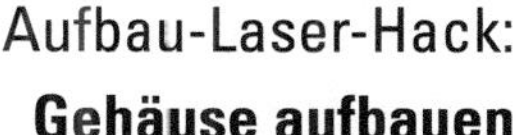

3

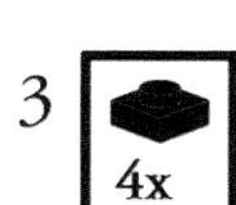

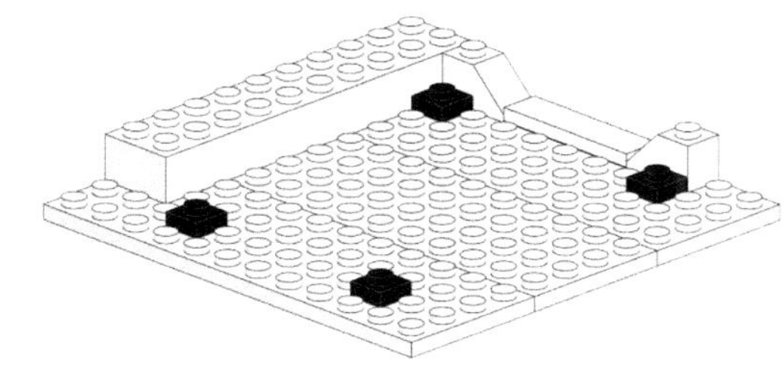

4

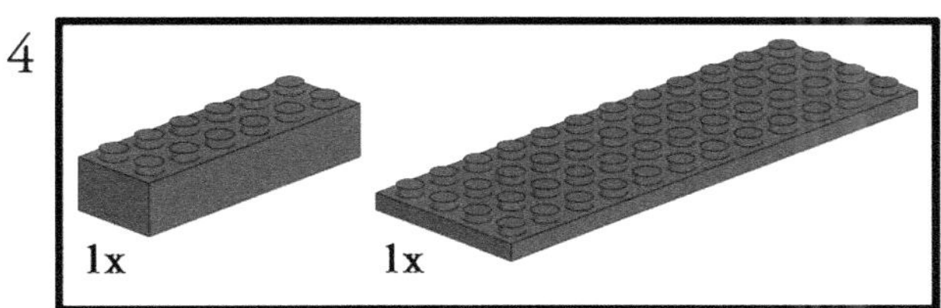

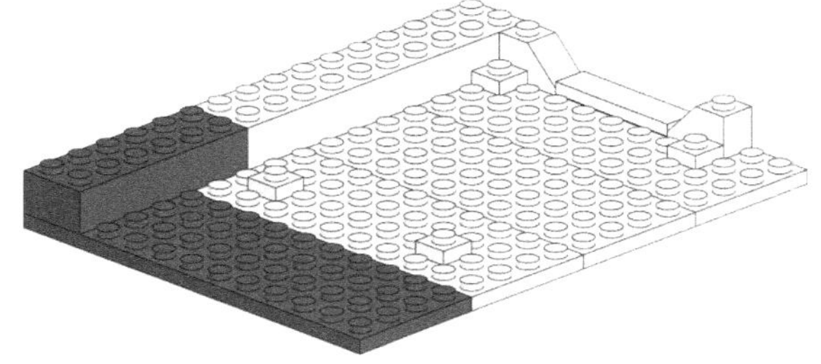

5

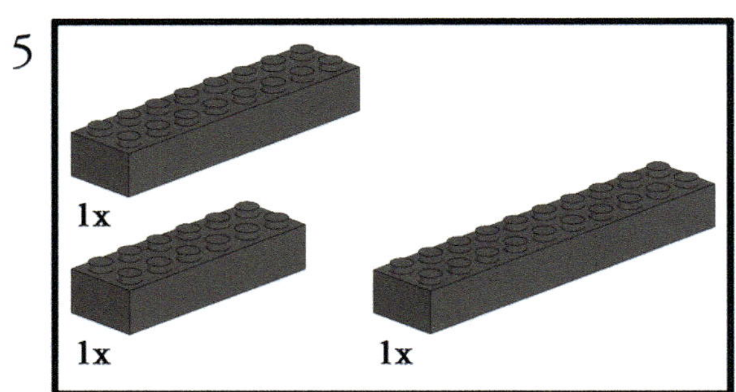

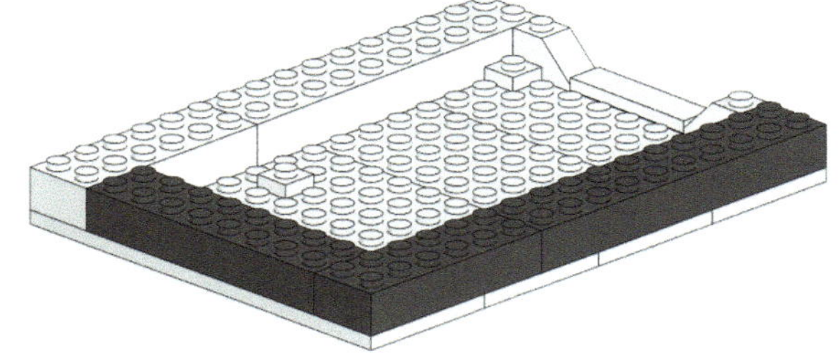

6

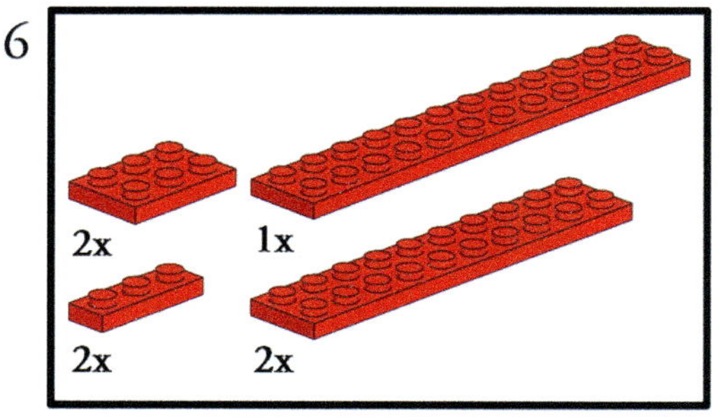

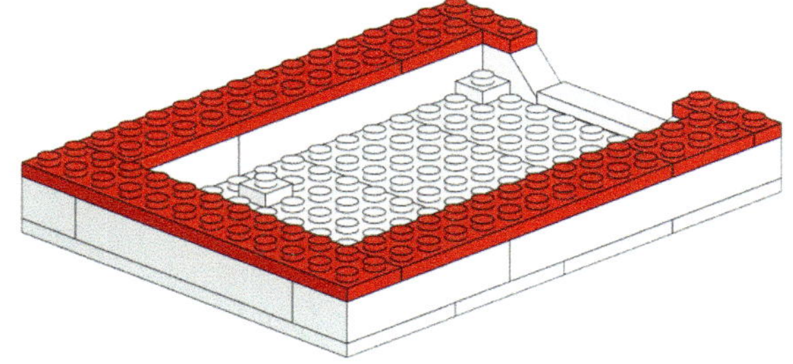

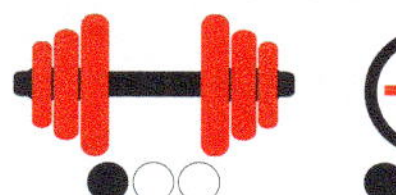

7

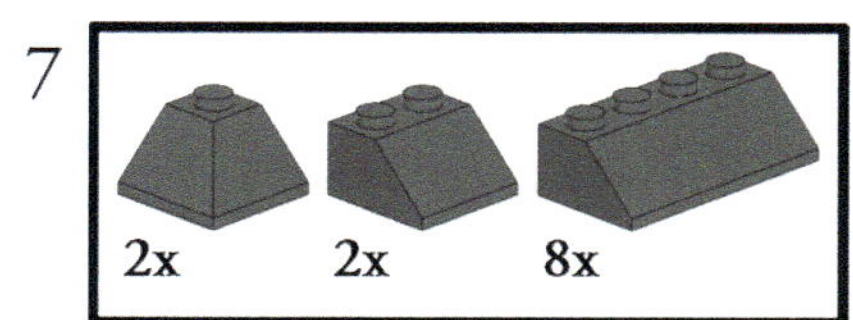

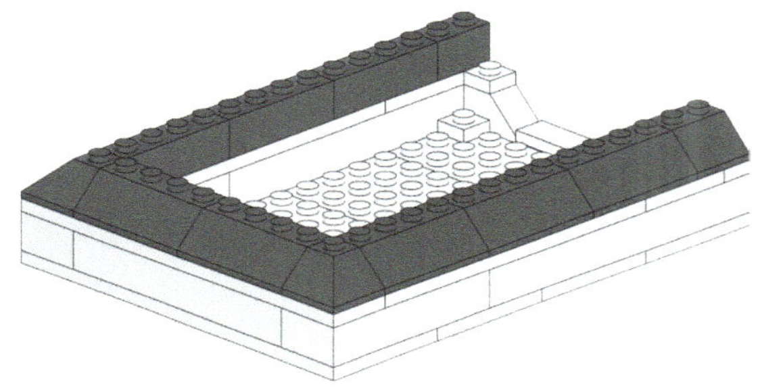

Jetzt wird die Hauptplatine in das Gehäuse eingebaut. Hierbei ist darauf zu achten, dass die Platine in die schwarzen 1x1-Bausteine gesteckt wird und fest sitzt. Dann wird der 3D-gedruckte Adapterstein eingesteckt und der Schalter hieran befestigt.

Es gibt auch 9V-Blockbatterien, die direkt über USB wiederaufladbar sind.

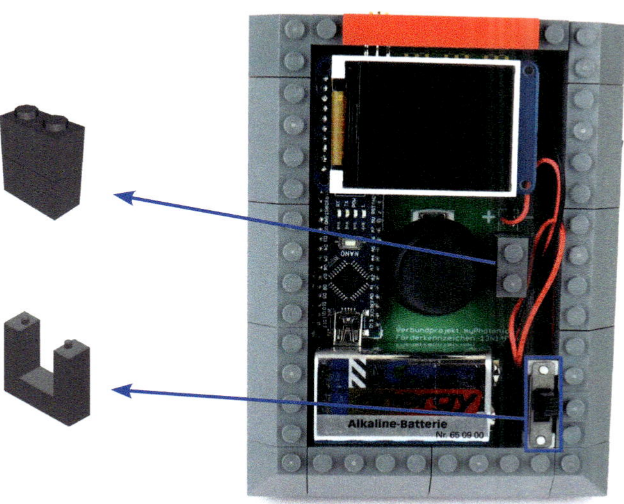

Abbildung 44:
Gehäuse für das Laserleistungsmessgerät mit Hardware

8

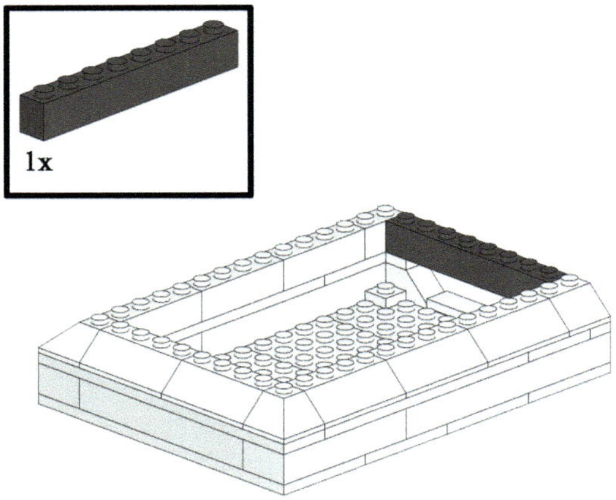

1x

9

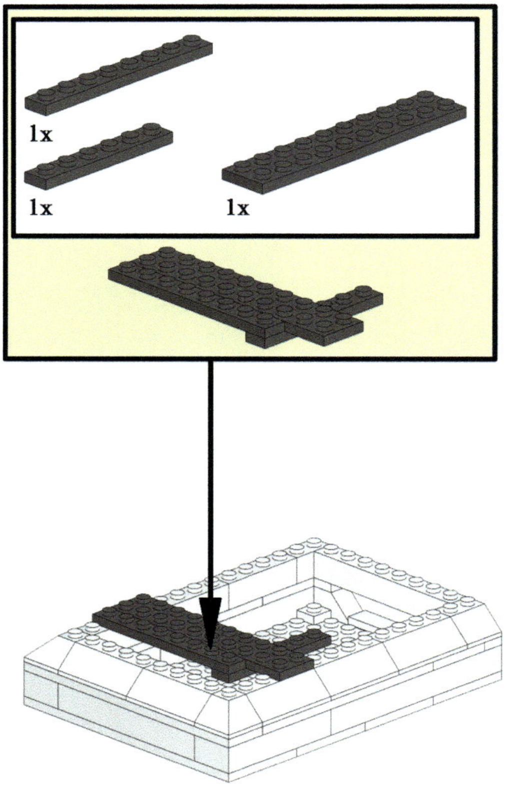

1x

1x

1x

10

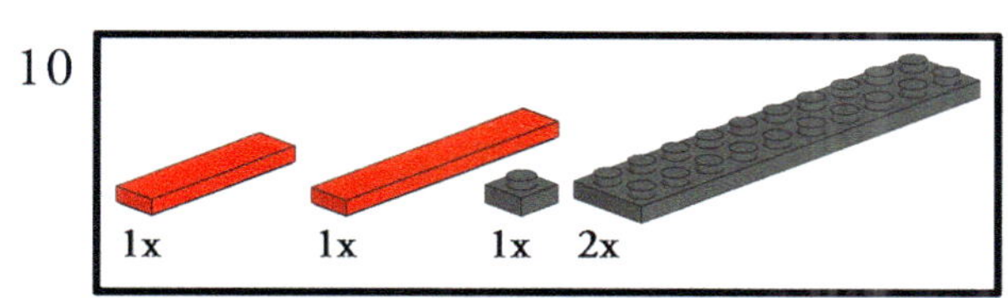

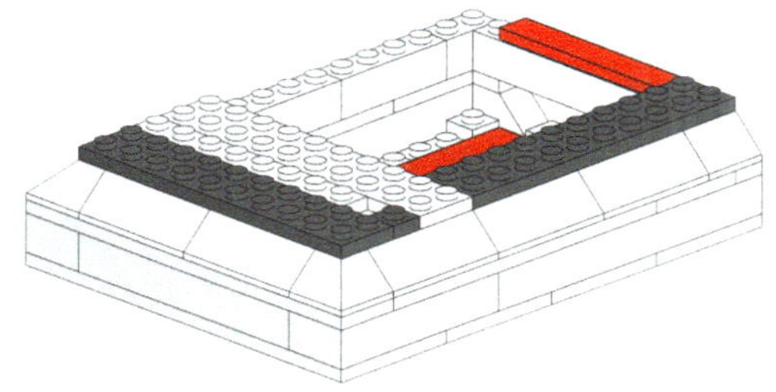

11

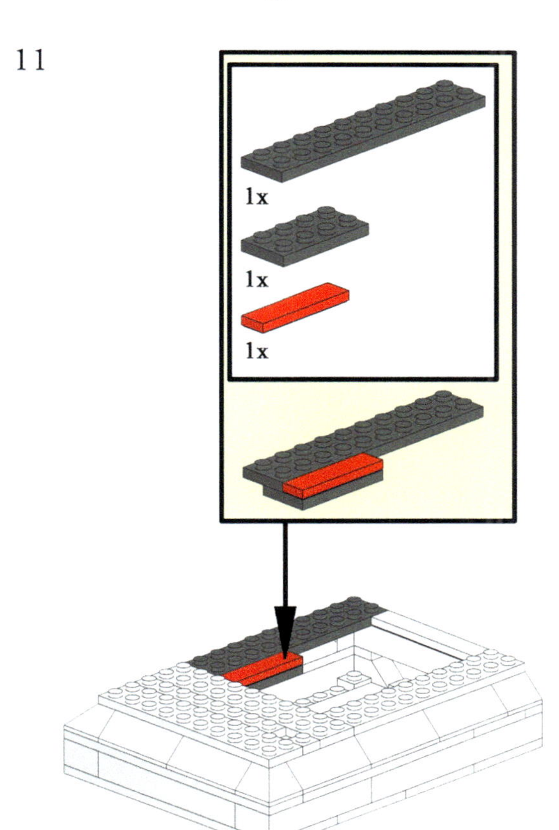

Mit dieser Konstruktion erhält das Messgerät einen Standfuß, der aus- und einklappbar ist.

1

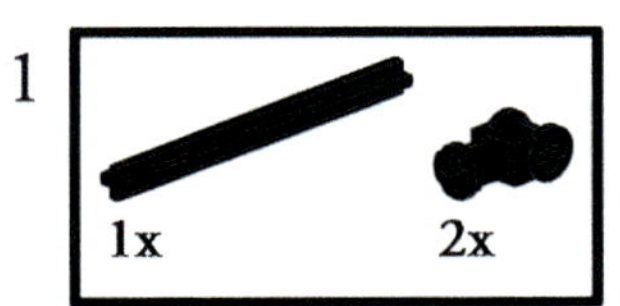

2

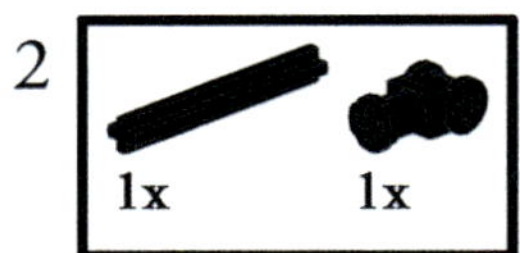

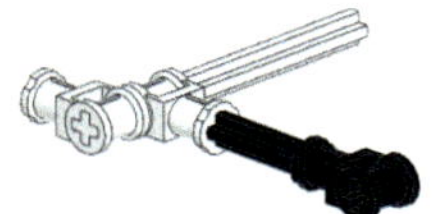

3

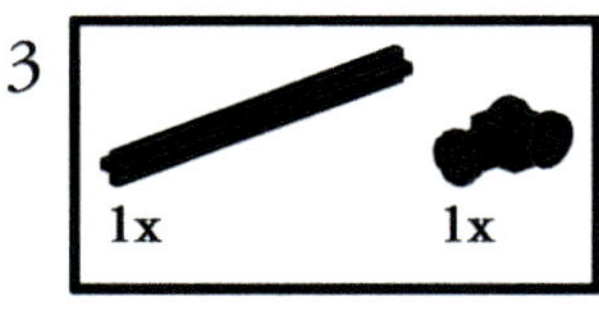

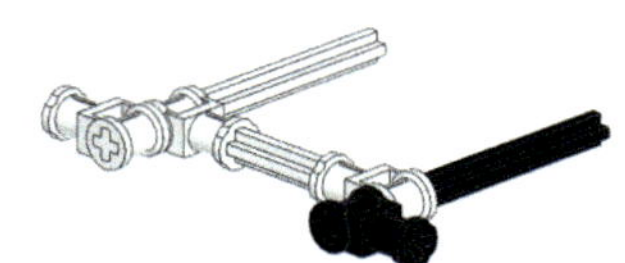

4

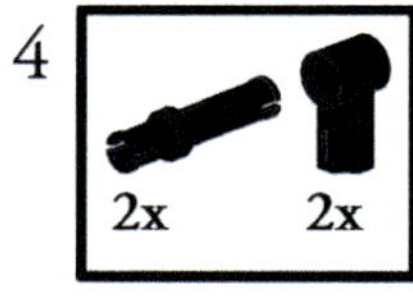

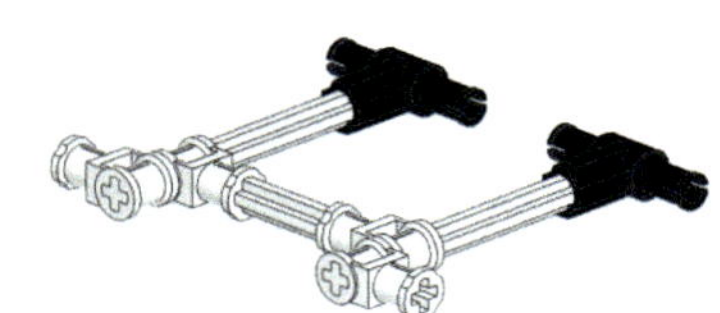

5

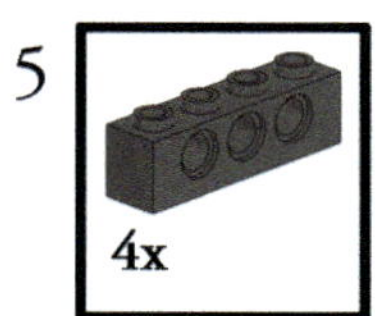

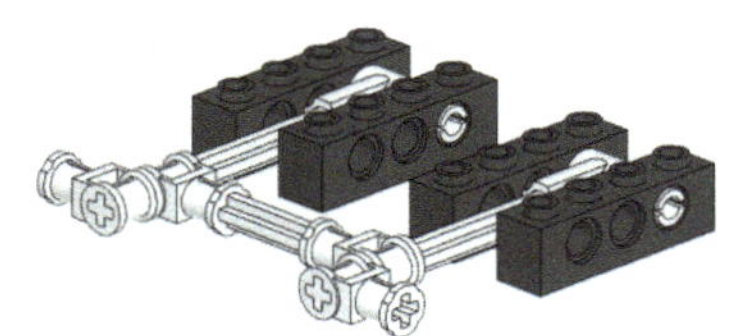

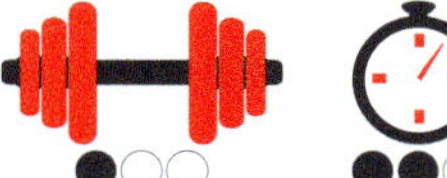

12

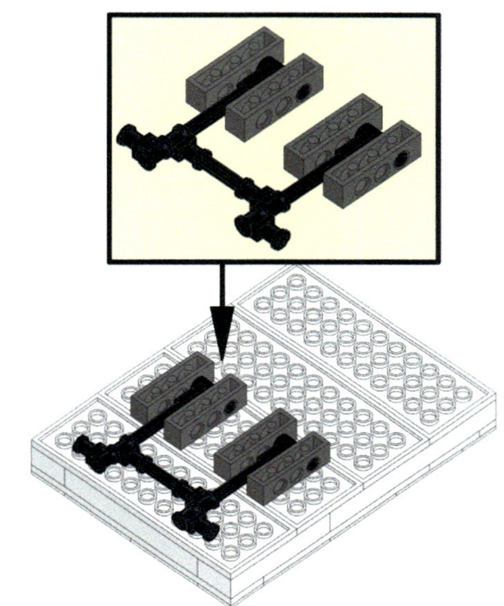

13

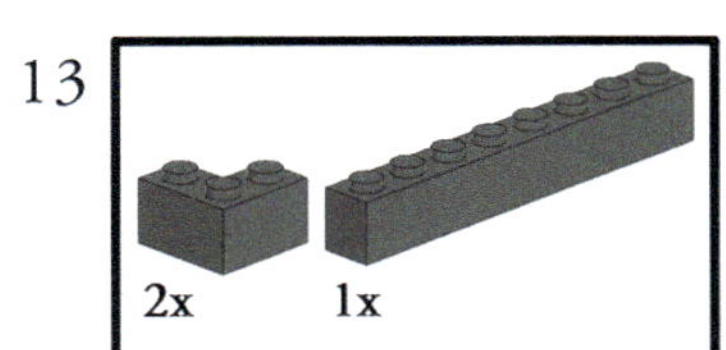

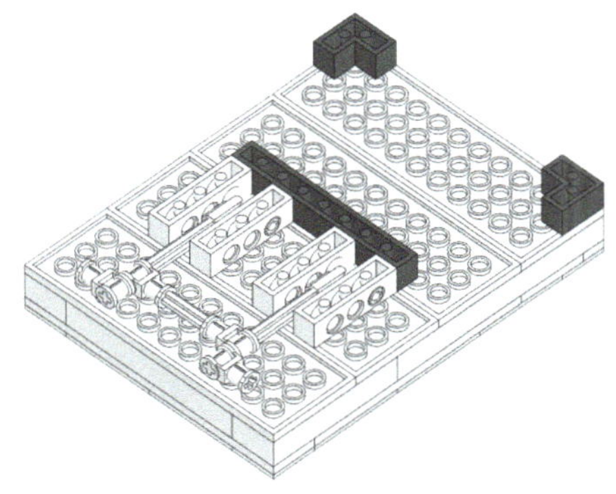

Abbildung 45:
Laserleistungsmessgerät mit Gehäuse

Das Gehäuse ist jetzt fertig zusammengebaut und schützt nun sehr gut die Hauptplatine. Probier ruhig aus, ob du das Gerät lieber in der Hand halten oder auf einen Tisch stellen möchtest. Ich finde es am besten, wenn es auf einer rutschfesten Oberfläche steht.

Laser-Hack 10: Laserleistung messen

Abbildung 46:
Alle Komponenten, die zur Leistungsmessung eines Laserpointers benötigt werden

In diesem Laser-Hack geht es um die experimentelle Durchführung der Leistungsmessung eines Laserpointers. Neben der Streukugel mit Photodiode und der Messelektronik werden folgende Bauteile hierfür benötigt:

Anzahl	Artikelname	Art.-Nr.	Farbe
1	Laserpointer 650 nm	LP 650	
2	Plate 2 x 3	3021	Black
1	Plate 4 x 8	3035	Dark Bluish Grey
2	Technic, Axle 2 Notched	32062	Black
4	Technic, Brick 1 x 2 with Axle Hole	32064	Black
2	Technic Axle 3	4519	Light Bluish Grey
6	Technic Axle Connector Double Felxible (Rubber)	45590	Black

Zuerst muss die Streukugel aus Laser-Hack 1 mit dem Messgerät über die SMA-Schraubverbindung elektrisch verbunden werden. Dann schaltest du das Messgerät ein. Nach ein paar Sekunden sollte folgende Anzeige zu sehen sein.

Laserpointer kaufe ich online bei der Firma www.picotronic.de. Es kann aber auch jeder andere Laserpointer verwendet werden.

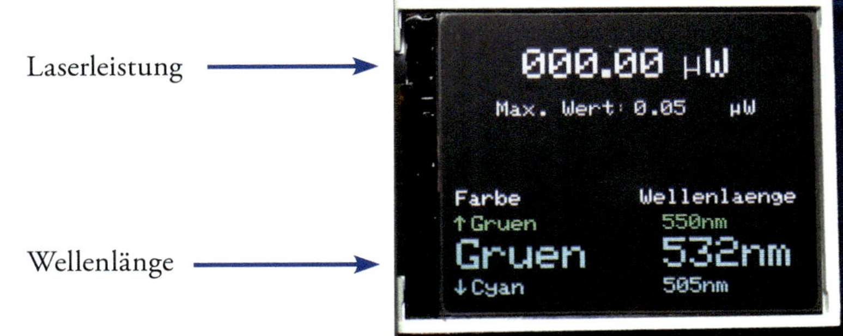

Abbildung 47:
Foto der Anzeige des Messgeräts nach dem Einschalten

Die Zahl in der ersten Zeile gibt die aktuell gemessene Laserleistung in Mikrowatt [µW] oder Milliwatt [mW] an. Das Gerät kann Laserleistungen bis zu 20 mW messen. Im unteren Anzeigebereich wird die Wellenlänge in der Einheit Nanometer [nm] angezeigt. Nach dem Einschalten wird zuerst der Wert 532 nm angezeigt. Dies entspricht der Wellenlänge von handelsüblichen grün strahlenden Laserpointern. Um bei der Auswahl der richtigen Wellenlänge möglichst wenig Fehler zu machen, wird der Zahlenwert in der zugehörigen Farbe angezeigt.

Typische Laserleistungen von Laserpointern liegen bei 0,001 W (= 1 mW), sodass das Gerät auf Messwerte bis maximal 20 mW ausgelegt ist und eine Messgenauigkeit im Bereich weniger Mikrowatt aufweist (1 µW = 0.000001 W).

Andere Wellenlängen können über den Joystick angewählt werden. Dazu wird das Menü ›Wellenlänge‹ durch Bewegen des Joysticks nach oben bzw. unten und durch einmaliges mittiges Drücken bestätigt. Jetzt kann die Wellenlänge mit dem Joystick ausgewählt werden. Zur Auswahl stehen insgesamt 17 Wellenlängen im Bereich zwischen 405 nm (violett-blau) und 785 nm (tiefrot). Dabei handelt es sich um die Wellenlängen, die handelsübliche Laserpointer aufweisen. Probier das Einstellen verschiedener Wellenlängen ruhig einmal aus, damit du dich mit dem Messgerät vertraut machst.

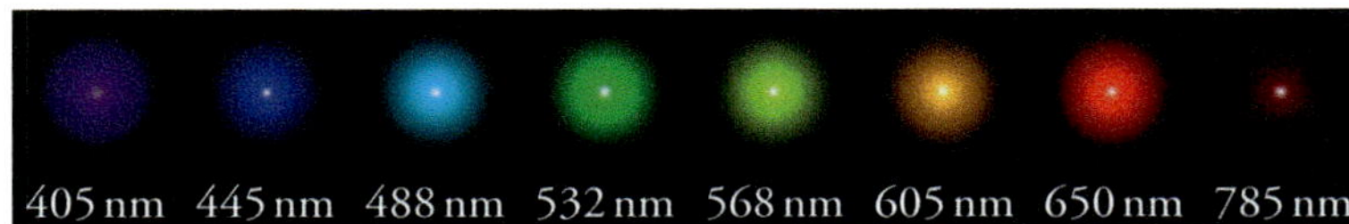

Abbildung 48:
Foto von einigen Laserlichtfarben, die mit dem Gerät gemessen

Für die Messung der Leistung des Laserpointers stellst du zuerst die richtige Wellenlänge ein. Diese ist auf dem Laserpointer angegeben und in meinem Fall 650 nm, also rot. Weiter wird eine Halterung für den Laserpointer benötigt. Da dieser meist eine runde Bauform hat, wie ein Stift, könnte er bei der Messung wegrollen.

Licht kann man sich als Welle mit bestimmter Wellenlänge λ vorstellen. Die Wellenlängen für das sichtbare Licht liegen zwischen 380 nm (violett), 450 nm (tiefblau), 500 nm (türkis/grün), 550 nm (grün/gelb), 600 nm (orange/rot) und 750 nm (nahes Infrarot, IR). Dieser Zusammenhang wird mit dem Farbspektrum dargestellt, das die Lichtfarben den Wellenlängen für den sichtbaren Bereich zuordnet:

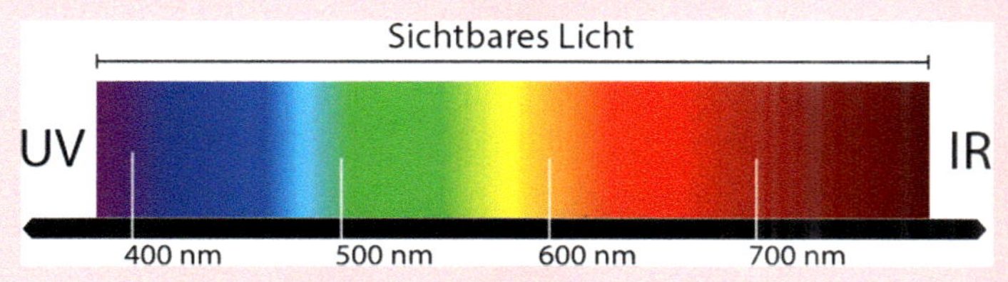

Das Farbspektrum ist dir sicherlich vom Regenbogen oder der Wirkung eines optischen Prismas bekannt. Es kann durch Zerlegung von weißem Licht in seine spektralen Anteile sichtbar gemacht werden. Im Gegensatz dazu wird mit Lasern Licht in einem sehr schmalen Wellenlängenbereich erzeugt. Auf den Lasern findest du daher nur die Angabe der ›Zentralwellenlänge‹, also der Wellenlänge, bei der das Lasersystem die höchste Bestrahlungsstärke erzeugt.

Die Eigenschaft der Abstrahlung einer Farbe nennt man ›Monochromasie‹ (griechisch ›monos‹ = allein; ›chroma‹ = Farbe) und das Laserlicht erscheint als besonders ›klare‹ Farbe.

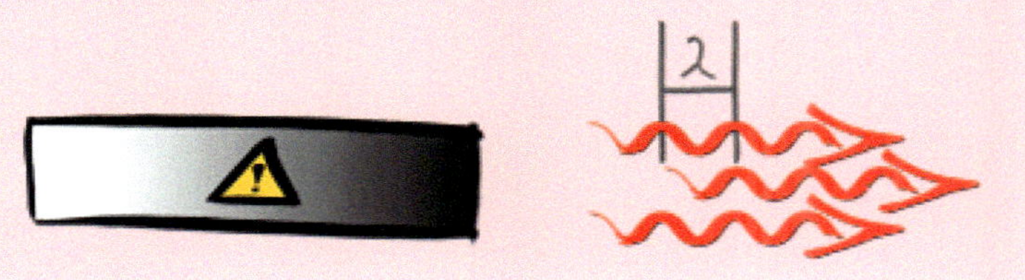

Die folgende Anleitung zeigt dir den Aufbau einer Halterung aus LEGO® Bausteinen, passend für Laserpointer mit Durchmesser von bis zu 8 mm.

Bei der Halterung handelt es sich um eine leicht modifizierte Version des Kombihalters aus dem Buch »Interferometer zum Selberbauen«. An dem vorderen Gummi kannst du eine Linse befestigen.

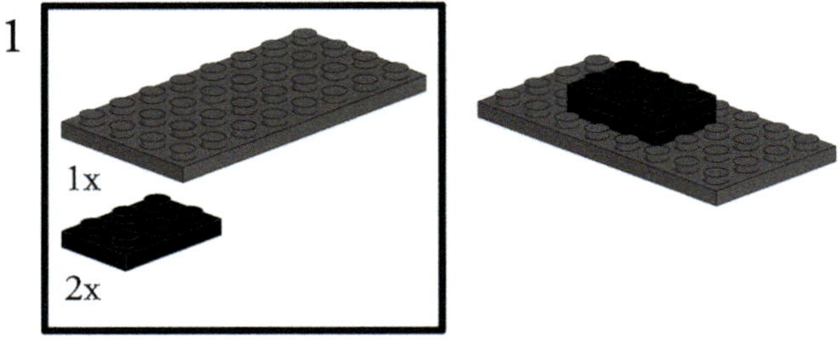

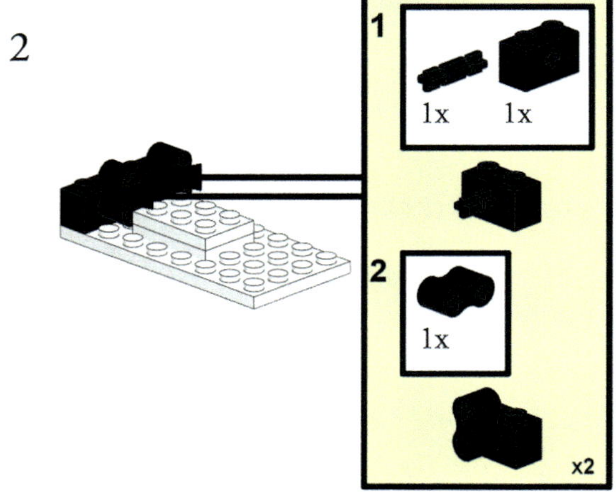

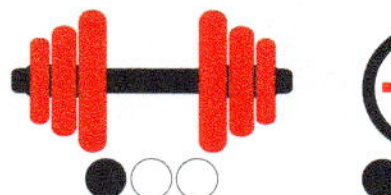

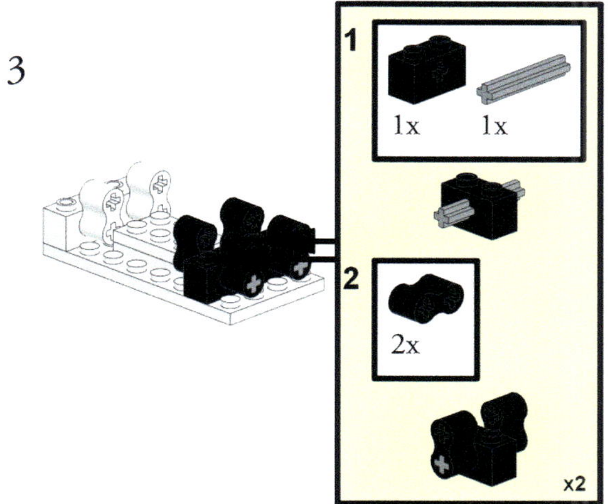

Der Laserhalter ist jetzt fertig aufgebaut. Befestige nun den Laserpointer in der Halterung mit den vier Gummis, wie in der Abbildung gezeigt. Schalte den Laserpointer dabei noch nicht ein.

Ich verwende denselben Punktlaser, der bereits in den anderen Teilen der Buchreihe verwendet wurde. Dort zeige ich dir, wie du mit diesem Laser interferometrische Experimente durchführen kannst. Wie dieser verkabelt wurde, findest du auch auf unserer Webseite.

Abbildung 49:
Foto des fertig aufgebauten Laserhalters mit Laserpointer

Der Abstand zwischen Laserpointer und Messgerät ist hier wichtig, da sich der Strahldurchmesser des Lasers mit größer werdendem Abstand so stark vergrößert, dass die Laserstrahlung nicht mehr vollständig in die Streukugel eingestrahlt werden kann.

Jetzt müssen Laserpointer und Streukugel im richtigen Abstand und richtig ausgerichtet zueinander aufgebaut werden. Damit das problemlos gelingt, sollte der Abstand nicht größer als 30 cm sein. Hierbei hilft ein Buch der Buchreihe ›1.000 Laser-Hacks‹ als Abstandshalter zwischen Kugel und Laser, wie in der Abbildung gezeigt. Durch die breite Anlegekante sind beide Komponenten automatisch richtig zueinander ausgerichtet.

Abbildung 50:
Buch als Hilfsmittel für den richtigen Abstand zwischen Streukugel und Laserpointer

Bevor der Laser eingeschaltet werden kann, muss folgender Hinweis beachtet werden:

VORSICHT LASERSTRAHLUNG!

Der verwendete Laser hat eine maximale Leistung von **P = 1 mW** bei einer Wellenlänge von **λ = 650 nm** (rot) und gehört somit der **Laserklasse 2** an.

Bitte nicht direkt in den Laser blicken!

Siehe auch *DGUV Vorschrift 12 (2007)*

Jetzt kannst du den Laser einschalten. Der Laser sollte auf die Messkugel leuchten und muss nun justiert werden. Ziel ist es dabei, den Laserstrahl möglichst genau in das Loch der Streukugel zu richten. Dabei sollte der Strahl auch nicht die Lochwand berühren.

Wenn du einen hellen roten Lichtfleck auf dem Gehäuse neben dem Loch siehst, muss der Laser ein kleines Stück verschoben werden. Meist fehlen nur wenige Millimeter, sodass hierbei ein wenig Geschick erforderlich ist.

Abbildung 51: *Der Laserstrahl muss mittig in das Loch der Streukugel justiert werden (rechts), da er ansonsten neben das Loch auf das Gehäuse leuchtet (links)*

Sobald der Laserstrahl vollständig in die Streukugel einfällt, kannst du den Leistungswert auf dem Messgerät ablesen. Der Wert erneuert sich 10x pro Sekunde und wird Schwankungen im Bereich des Messfehlers zeigen. Mein Messgerät zeigt hier 897,86 µW an.

Jetzt kann mit der Feinjustage begonnen und der Laserpointer ganz vorsichtig nach links, rechts, oben und unten verschoben werden. Dadurch ändert sich der Leistungswert zum Teil sehr deutlich. Fällt der Wert ab, wird die Streukugel nicht richtig getroffen und die Justage verschlechtert sich. Steigt der Wert, wird die Justage besser. Ziel dieser Feinjustage ist es daher, den Maximalwert der Leistung zu finden. Das ist dann der richtige Messwert.

Probiere das Messen der Leistung mehrfach aus und schreibe den jeweiligen Messwert auf. Bei jedem Versuch werden immer leicht andere Werte gemessen. In Laserlaboratorien wird daher immer der Mittelwert aus mehreren Messwerten bei der Bestimmung der Laserleistung gebildet.

Der Maximalwert wird auch beim Wechsel der Wellenlänge auf ›0‹ gesetzt.

Zur Vereinfachung wird auf dem Display auch der Maximalwert der laufenden Messung in der zweiten Zeile angezeigt. Dieser wird beim Einschalten des Geräts auf ›0‹ gesetzt und laufend an den Höchstwert angepasst. Wenn die Justage zwischenzeitlich also sehr gut war, wird der Wert entsprechend automatisch gespeichert.

Achtung: Wenn der Messwert zu hoch wird, also nicht mehr augensicher ist, zeigt dir das Messgerät eine Warnung »Laserleistung zu hoch« an, wie in der folgenden Abbildung gezeigt.

Abbildung 52: *Warnanzeige auf dem Display, wenn die Laserleistung einen Wert von 1 mW deutlich überschreitet*

Die Angabe von 1 mW dient als Grenze für die Sicherheit deiner Augen.

Laserstrahlung kann bei direkter Einstrahlung in das Auge die Netzhaut beschädigen. Dies ist der Fall, wenn die Laserleistung einen Wert von 1 Milliwatt (1 mW) deutlich überschreitet. Ein solcher Laser ist weder als Pointer, Presenter noch als Spielzeug geeignet! Bitte unter keinen Umständen unkontrolliert durch die Gegend leuchten oder auf stark reflektierende Oberflächen richten. Selbst eine Reflektion der Laserstrahlung hat bereits das Potenzial, irreparable Schäden auf der Netzhaut hervorzurufen. Zudem besteht Brandgefahr.

Fehlerquellen

Wenn die Messwerte mit den Angaben des Herstellers des Laserpointers in etwa übereinstimmen (eine 10% -ige Abweichung ist völlig in Ordnung), kannst du diese Seite gerne überspringen. Solltest du jedoch ein paar Probleme mit der Messung haben, dann helfen dir die folgenden **Tipps für eine perfekte Messung der Laserleistung.**

1. Tipp: Voll geladene Batterien bewirken Wunder.
Du beobachtest Schwankungen in dem Messwert, die Anzeige des Messgeräts fällt manchmal aus oder die Zahlenwerte wechseln nicht regelmäßig?
Elektronik und Display verbrauchen viel elektrische Energie. Die Leistung der Laserstrahlung selbst kann auch stark schwanken, wenn die elektrische Stromversorgung nicht ausreichend stabil ist, oder die Batterien schon schwach geworden sind. Überprüfe daher den Ladezustand der Batterien oder Akkus sowohl vom Messgerät als auch vom Laserpointer. Diese sollten immer ausreichend voll sein.

2. Tipp: Ein stabiler Aufbau von Messgerät, Streukugel und Laserpointer ist unabdingbar.
Du hast Schwierigkeiten Messwerte zu reproduzieren?
Die Position von Streukugel und Laserpointer zueinander müssen sehr präzise einjustiert werden. Deshalb ist es umso wichtiger, dass die einzelnen Komponenten sehr stabil auf dem Untergrund aufgebaut sind und sich nicht verschieben. Wähle daher einen Tisch als Untergrund aus, der nicht wackelt. Um die Stabilität weiter zu erhöhen, kannst du den Laserpointer und die Streukugel mit einem Klebeband am Untergrund fixieren.

3. Tipp: Die Einstellung der richtigen Wellenlänge am Messgerät ist unverzichtbar.
Die angezeigten Messwerte sind deutlich kleiner oder größer als die Herstellerangaben des Laserpointers?
Schaue dir nochmal die Herstellerangabe zur Wellenlänge an und prüfe, ob sie mit der ausgewählten Wellenlänge an deinem Messgerät übereinstimmt. Wenn nicht, kannst du die Wellenlänge ändern, wie zu Beginn dieses Laser-Hacks beschrieben. Vielleicht stimmt die Herstellerangabe zur Wellenlänge nicht mit der Laserfarbe überein? Überprüfe, ob die Lichtfarbe zur Wellenlänge passt. In diesem Laser-Hack findest du eine passende Fotoreihe zum Abgleich.

Der Trick mit der großflächigen Photodiode

Abbildung 53:
Messaufbau für die Messung der Laserleistung mit einer großflächigen Photodiode

Ein zweites Prinzip zur Messung der Leistung von Laserstrahlung basiert auf der Verwendung einer großflächigen Photodiode. In diesem Fall wird die Laserstrahlung als Ganzes von der Photodiode erfasst, sodass eine Streukugel nicht benötigt wird. Das Messignal ist hierbei proportional zur physikalischen Größe der Laserleistung [W] und nicht zur Bestrahlungsstärke [W/m^2] im Kugelinneren. Das bedeutet auch, dass die Parameter der Streukugel (Durchmesser, Reflektivität, etc.) nicht mehr bestimmt werden müssen und eine Umrechnung von der Bestrahlungsstärke in die Laserleistung entfällt. Physikalisch wird mit der großen Photodiode der ›innere photoelektrische Effekt‹ in Halbleitern unter angelegtem elektrischen Feld genutzt.

Vorteile dieses Messprinzips sind vor allem praktischer Natur: Die Messung der Laserleistung erfordert keine Einfädelung der Laserstrahlung in das Innere einer Streukugel. Die Justage auf die Fläche der Photodiode kann durchaus frei Hand erfolgen, sodass dieses Messprinzip häufig bei mobilen Leistungsmessgeräten zum Einsatz kommt.

Wie immer gibt es auch Nachteile, allen voran ein erhöhter Kostenfaktor durch die großflächige Photodiode. Diese darf zudem nicht übersteuern bzw. durch die Laserstrahlung zerstört werden. Meist wird daher ein abschwächendes Filterglas vor der Photodiode verwendet. Die Abbildung zeigt schematisch die Anordnung von Photiodiode und Filter bei einer solchen Messung.

Dieses Messprinzip ist für die Experimente aus dem Buch »Hologramme zum Selbermachen« (ISBN 978-3946496-13-7) sehr hilfreich. Die Laserleistungen der Referenz- und Signalwellen können hiermit sehr gut aufeinander abgestimmt werden.

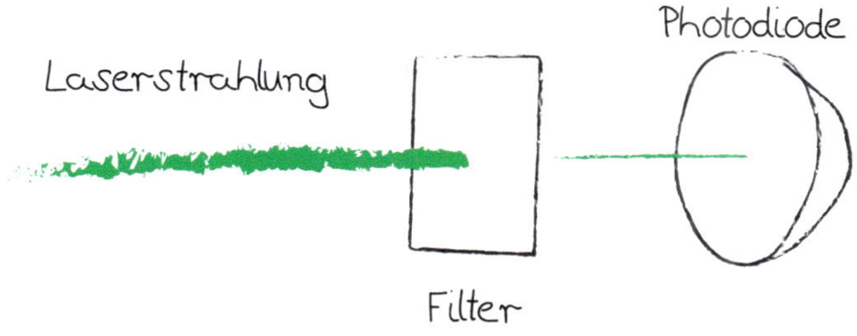

Abbildung 54:
Skizze zur Messung der Laserleistung mit großflächiger Photodiode

Die größere lichtempfindliche Fläche hat auch Auswirkungen auf die Messelektronik: Das Messsignal ist deutlich größer, da im Vergleich zum Streukugelmessprinzip nicht nur ein Bruchteil der einfallenden Laserstrahlung von der Photodiode erfasst wird. Die Elektronik muss daher einen größeren Dynamikbereich abdecken und ist aufwändiger zu bauen.

Für diesen Aufbau werden ein Messkopf mit Filterhalterung und großflächiger Photodiode, eine Messelektronik mit vergrößertem Dynamikbereich und ein Laptop benötigt. Im folgenden Laser-Hack beginnen wir mit dem Aufbau des Messkopfes.

Laser-Hack 11: Messkopf aufbauen

Abbildung 55: *Foto der Komponenten, die für den lichtempfindlichen Messkopf benötigt werden*

Für diesen Laser-Hack benötigst du die LEGO®-Bausteine, die in der folgenden Tabelle aufgelistet sind. Aufgeführt sind die Anzahl, der Bausteinname, die Artikelnummern der Firma LEGO® System A/S, Dänemark, sowie die Farbe.

Als Farbe habe ich in diesem Laser-Hack orange gewählt, damit dieser Messkopf direkt von der Streukugel unterschieden werden kann.

Anzahl	Artikelname	Art.-Nr.	Farbe
4	Brick 1 x 2	3004	Dark Bluish Grey
4	Brick 1 x 6	3009	Dark Bluish Grey
5	Brick 1 x 4	3010	Dark Bluish Grey
2	Plate 1 x 1	3024	Orange
2	Plate 1 x 1	3024	Dark Bluish Grey
2	Plate 4 x 4	3031	Dark Bluish Grey
4	Slope 45 2 x 2	3039	Dark Bluish Grey
4	Slope 45 2 x 2 Double Convex Corner	3045	Dark Bluish Grey
1	Tile 1 x 2	3069	Dark Bluish Grey
2	Plate 1 x 6	3666	Orange
1	Plate 1 x 4	3710	Orange
2	Plate 1 x 4	3710	Dark Bluish Grey

Sobald alle Bauteile auf dem Tisch liegen, kann es losgehen.

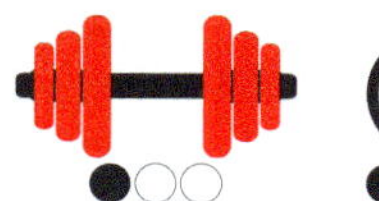

Aufbau-Laser-Hack:
Messkopf aufbauen

Die Grundplatte des Messkopfes ist deutlich kleiner als bei der Streukugel aus Laser-Hack 1

1

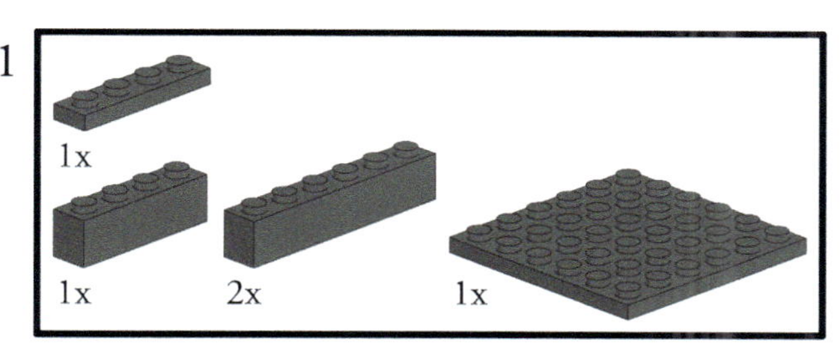

2

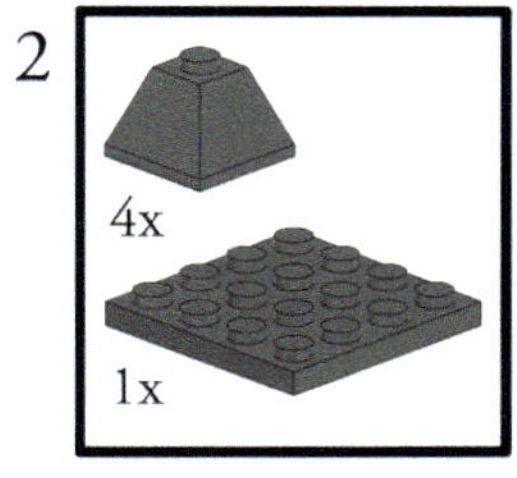

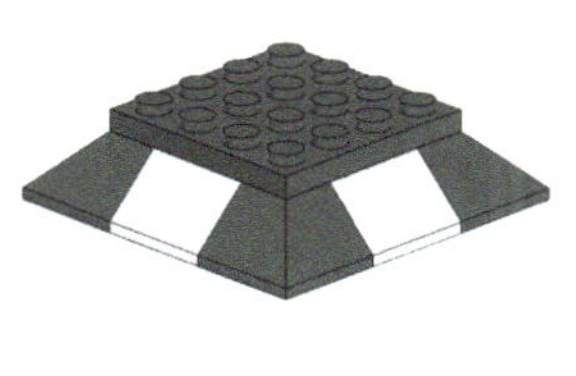

3

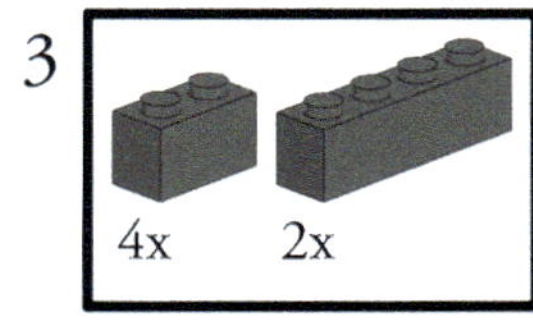

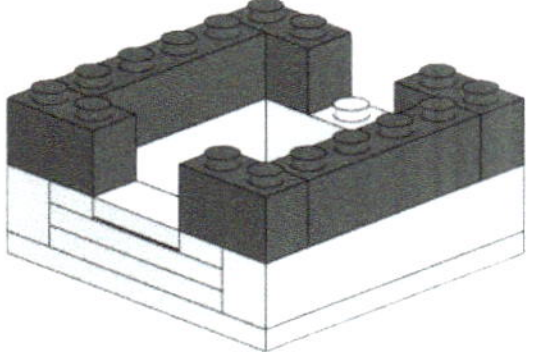

4

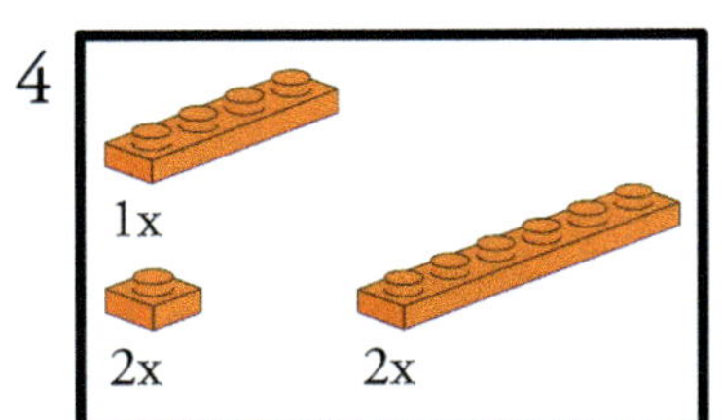

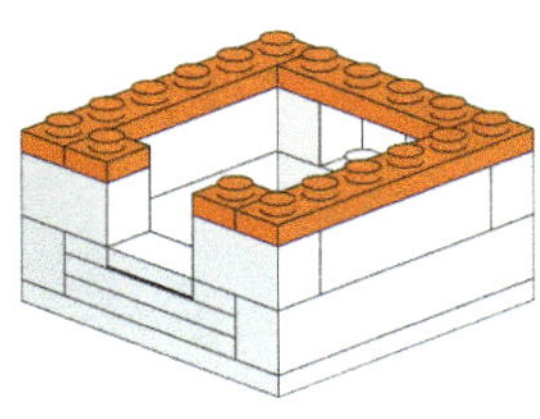

5

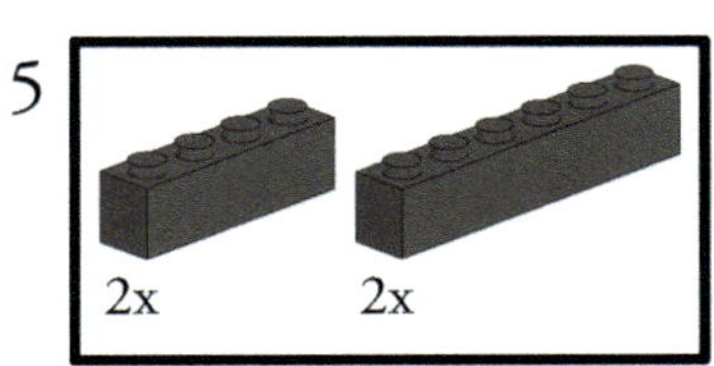

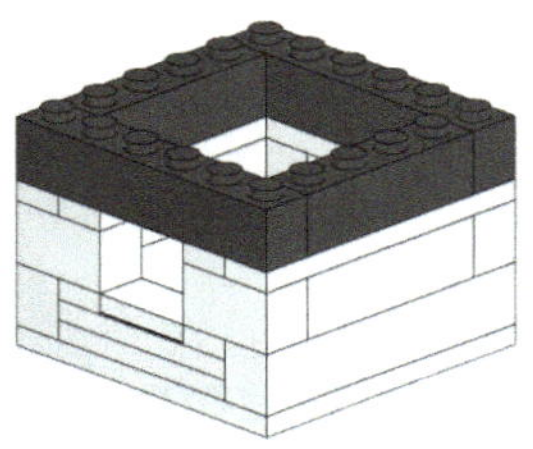

Mit diesen beiden letzten Schritten wird der Deckel zusammengebaut, der für den Einbau der Photodiode im nächste Laser-Hack zunächst nicht aufgesteckt wird.

1

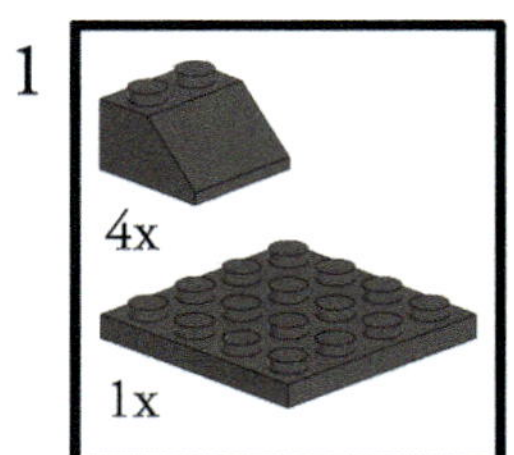

1
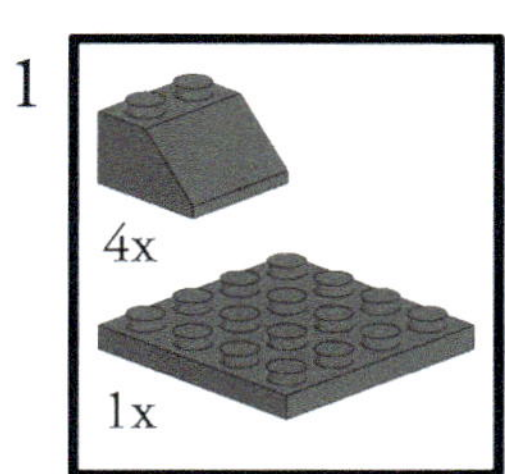

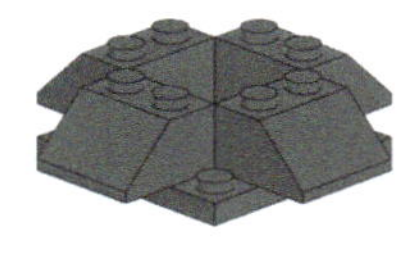

Abbildung 56:
Foto des Gehäuses für den empfindlichen Messkopf

Herzlichen Glückwunsch! Du hast den Messkopf fertig gestellt, sodass wir direkt mit dem Verkabeln der großflächigen Photodiode beginnen können.

Laser-Hack 12: Großflächige Photodiode verkabeln

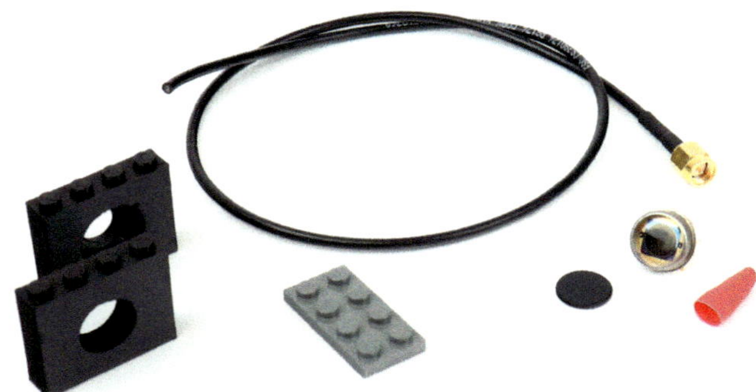

Abbildung 57: *Foto der Komponenten, die für die Verkabelung der großflächigen Photodiode benötigt werden*

Die Größe der lichtempfindlichen Fläche muss für dieses Messprinzip so groß gewählt werden, dass der Laserstrahl vollständig erfasst wird. Der Durchmesser des Laserstrahls darf daher nicht größer als die Kantenlänge der Photodiode sein.

Den Filter habe ich bei der Firma www.thorlabs.de gekauft. Dort findest du auch weitere Spezifikationen und Informationen zum Abschwächer sowie andere Filtergläser. Die Photodiode ist bei centronic.co.uk erhältlich (5T) oder bei farnell.de oder rs-online.com (E).

Als großflächige Photodiode wird eine Photodiode vom Typ OSD 50-5T verwendet, die ein Standard in vielen Forschungslaboratorien ist. Die lichtempfindliche Fläche ist bei dieser Diode quadratisch mit einer Kantenlänge von ca. 7 mm und einer Fläche von 50 mm^2. Durch den größeren Chip ist die Photodiode mit ca. 100 € deutlich teurer als die bisher eingesetzte SFH-203-P, die eine Fläche von nur ca. 1 mm^2 aufweist.

Die Verkabelung der großflächigen Photodiode erfolgt wie in Laser-Hack 2 mit einem Koaxialkabel und einer SMA-Steckverbindung.

Benötigt werden die folgenden Bauteile:

Anzahl	Artikelname	Art.-Nr.
1	Photodiode	OSD-50
1	Unmounted 1/2" Absorptive ND Filter, Optical Density: 2.0	NE520-B
1m	SMA-Koaxialkabel, RG174	914-0334
1	Schrumpfschlauch	1564899
1	2 x 4 Plate, Dark Bluish Grey	3020
1	Adaptersteine, 3D gedruckt	OSD-50-Halterung
1	Adapterkonterstein, 3D gedruckt	OSD-50-Halterung-Konterstein

Photodioden bestehen aus Halbleitermaterialien wie Silizium oder Germanium. Ihr Aufbau weist drei charakteristische Schichten auf: eine p-dotierte Schicht, in der sich ein Überschuss an Löchern befindet, eine intrinsische, stark isolierende Schicht und eine n-dotierte Schicht mit einem Überschuss an Elektronen. Die Art des verwendeten Halbleitermaterials und dieser Aufbau verleihen der OSD-50-5T-Diode die Bezeichnung einer ›Silizium-PIN-Diode‹.

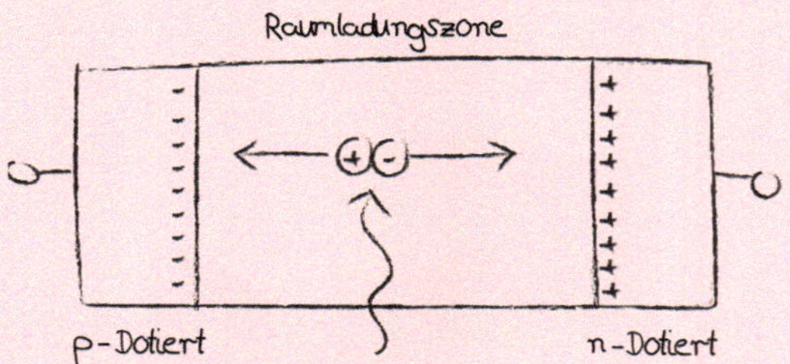

Für die photoelektrische Funktion wird die Si-PIN-Diode über ihre elektrischen Kontakte in Sperrrichtung betrieben. Das bedeutet, dass im Dunkeln bei angelegtem elektrischen Feld zwischen Anode und Kathode kein Strom fließt und die Ladungsträgerkonzentration in den Grenzbereichen zur i-Schicht sogar stark abnimmt. Unter Einfluss von Laserstrahlung werden in der i-Schicht Elektron-Loch-Paare über den inneren photoelektrischen Effekt erzeugt und im elektrischen Feld entsprechend ihrer Ladung beschleunigt. Ein elektrischer Strom, der sogenannte Photostrom, entsteht. Dieser ist direkt proportional zur eingestrahlten Strahlungsleistung. Im elektrischen Schaltplan kann die Photodiode ersatzweise aus der Kombination einer Diode in Sperrrichtung und einer parallel geschalteten Stromquelle verstanden werden. Als Symbol dient eine Diode mit Pfeilen, die die einfallende Strahlung andeuten.

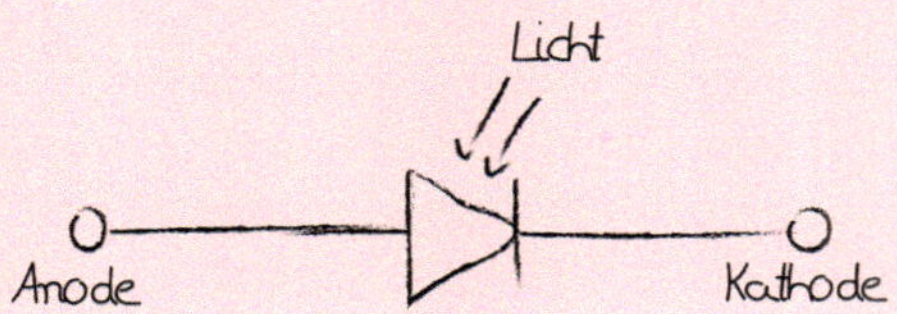

Die OSD 50-5T hat manchmal drei Anschlusskontakte. Der dritte Kontakt ist direkt mit dem Metallgehäuse verbunden und kann als Abschirmung verwendet werden. Durch Verwendung des Koaxialkabels ist dies allerdings nicht erforderlich.

Der Lötvorgang und die Isolierung mit Schrumpfschlauch erfolgt so, wie in Laser-Hack 2 beschrieben. Die Kathode ist an der kleinen »Nase« am Gehäuse zu erkennen. Diese muss mit dem Innenleiter des Koaxialkabels verbunden werden. Die Anode ist entsprechend der zweite Anschlusskontakt und wird mit dem Drahtgeflecht der Abschirmung verlötet. Sobald die Photodiode am Kabel angeschlossen und die Kontaktstellen mit Schrumpfschlauch geschützt sind, kann sie in den Messkopf aus Laser-Hack 11 eingesetzt werden.

Abbildung 58:
Foto der Anordnung von Adaptersteinen, Filter und Photodiode für den Einbau in den Messkopf

Hierzu legst du Filter und Photodiode in den ersten 3D-gedruckten Adapterstein ein. Der Adapterstein hat eine passende Nut für die Nase am Gehäuse der Photodiode. Das Kabel führst du durch das Loch des anderen Adaptersteins hindurch, presst dann die beiden Adaptersteine zusammen und verbindest sie mit dem LEGO® Stein zu einem Block miteinander. Bei dem Filter handelt es sich um ein Stück Glas, das homogen mit Farbpigmenten versetzt ist und die einfallende Laserstrahlung abschwächt. Der Filter hat einen Durchmesser von 1/2“ (ca. 13 mm) und sollte gut passen, wie in der Abbildung gezeigt. Achte darauf, dass der Filter möglichst dicht mit der Gehäuseöffnung abschließt, sodass möglichst wenig Umgebungslicht in das Gehäuse einfallen kann. Nachdem der Block fertig aufgebaut ist, kann er in den Messkopf eingepasst werden. Hierzu musst du den Deckel und den ein oder anderen Stein abnehmen und zum Schluss den Messkopf wieder zusammenbauen.

Bei dem Filter handelt es sich um einen sogenannten Neutralglasfilter mit einer Transmission von nur etwa 1% des einfallenden Lichts im sichtbaren Spektralbereich. Von 1 Watt Laserleistung werden also nur 10 mW durchgelassen, beziehungsweise schwächt der Filter das Licht um den Faktor 10^2 = 100 ab. Das Besondere an dem Neutralglas ist, dass es alle Wellenlängen im sichtbaren Spektralbereich um nahezu den gleichen Faktor abschwächt. Das ist für das Lasermessgerät wichtig, da es bei verschiedenen Wellenlängen eingesetzt werden soll. Filter mit einer Abschwächung um den Faktor 10^2 werden auch als OD2 Filter bezeichnet. OD steht hier für Optische Dichte.

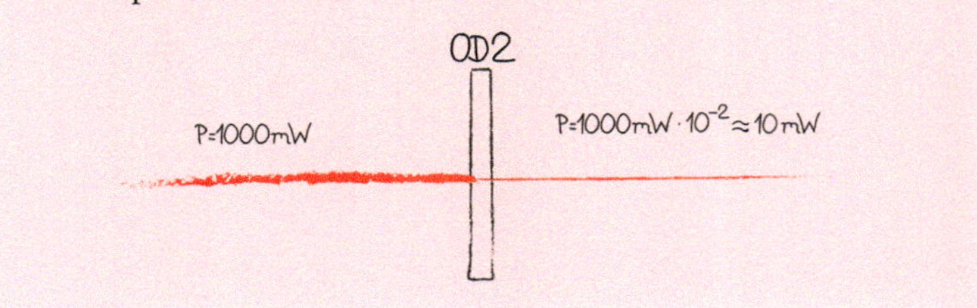

Abbildung 59:
Foto des zusammengebauten lichtempfindlichen Messkopfes mit eingebautem Neutralglas-Filter

Geschafft! Dein Messkopf mit großflächiger Photodiode ist fertig. Im nächsten Schritt beginne ich mit dem Aufbau der Messelektronik.

Laser-Hack 13: Leiterplatte bestücken & verlöten

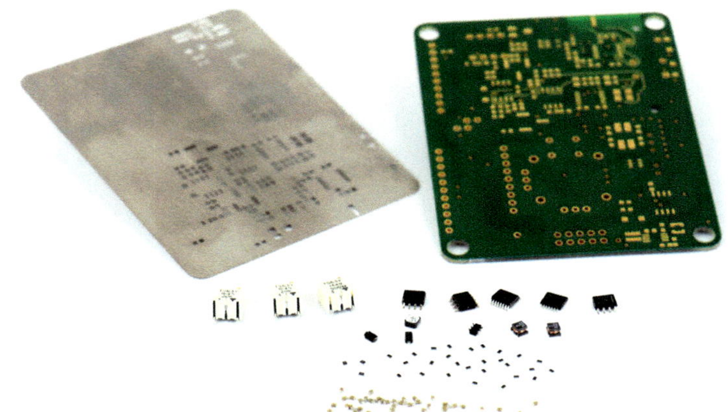

Abbildung 60:
Foto der Leiterplatte, der SMD-Komponenten und des Stencils

Die Messelektronik für die großflächige Photodiode kombiniert die elektrische Schaltung der Laser-Hacks 3-6 mit einem Transimpedanzverstärker (engl.: Trans-Impedance-Amplifier, kurz: TIA) und einem Spannungs-Frequenz-Wandler (engl.: Voltage-Frequency-Converter, kurz: VFC). Die Abbildung zeigt die erweiterte Leiterplatte mit Stencil, die bei Aisler.net und auf unserer Webseite hinterlegt ist. Eine Übersicht über diese und alle weiteren benötigten SMD-Komponenten gibt die folgende Tabelle.

Die Dateien für die Bestellung der Leiterplatte habe ich auf unserer Webseite sowie direkt bei dem Leiterplattenhersteller aisler.net hinterlegt.

Anzahl	Artikelname	Art.-Nr.	Kürzel
1	Basisplatine inkl. Stencil	https://aisler.net/p/QKVCPSOY	
2	AMP	595-OPA191IDR	IC3, IC4
1	Relay	769-DS1E-ML2-DC5V	Relay
2	Spule	580-82104C	LX
1	Display	485-358	Display
1	µC	992-ARD-NANO30	Arduino Nano
1	Joystick	474-COM-09032	Thumb Stick
4	Kondensator	810-C1608X5R1C335KAC	C2,C3,C4,C26

Anzahl	Artikelname	Art.-Nr.	Kürzel
1	Buck	595-TPS62160DG KT	IC9
1	DC/DC	580-NMH0515SC	DC/DC-Wandler
4	Diode	863-MBR0520LT 1G	D1,D2,D5,D6
2	Ferrit	710-74279266	LR3, LR4
1	IO-Expander	595-PCA9536D	IC7
11	Kondensator	581-060316C104K	C33,C34,C39,C7, C10,C12,C16,C18, C24,C25
5	Kondensator	810-C1608X5R1C4 75KAC	C8,C11,C13,C17, C19
3	Kondensator	581-0603YC102KA T2A	C9,C14,C15
1	Kondensator	581-06035A331FA T2A	C6
1	Kondensator	81-GRM188R71E2 24KA88	C22
2	Kondensator	603-CC603KRX7R 7BB105	C1,C36
1	Kondensator	06035C103KAT2A	C37
3	Kondensator	81-GRM188R61C10 6MA3D	C29,C30,C38
1	Kondensator	81-GRM31CR60J15 7ME1L	C20
1	Kondensator	581-06033A471J	C5
1	Kondensator	81-GRM21BR61C22 6ME4L	C21
1	Kondensator	810-C2012X7R1H2 25K	C23
1	Kondensator	81-GRM188R61A22 6ME5D	C28
1	LDO	584-1761ES5-3.3T RPBF	IC2
1	Multiplexer	584-ADG1404YRU Z	IC5
2	Spule	994-LPS3015-222 MRC	LX

Anzahl	Artikelname	Art.-Nr.	Kürzel
1	Switch	595-TS5A3159AD BVR	IC6
1	VFC	926-LM331AN/NO PB	IC1
2	Widerstand	72-TS63Y-1M	R8,R16
1	Widerstand	72-TSM4YJ501KR 05	R7
2	Widerstand	652-CR0603AJ/ -000ELF	R21,R28
1	Widerstand	667-ERA-3ARB57 61V	R6
1	Widerstand	603-RC0603FR- 072K2L	R1
1	Widerstand	667-ERA-6ARB68 2V	R2
2	Widerstand	71-CRCW0603- 1.0M-E3	R9,R17
1	Widerstand	71-CRCW06033M3 0FKEA	R22
2	Widerstand	667-ERA-3APB10 4V	R10,R12,R15,R18, R30
1	Widerstand	667-ERA-3APB10 3V	R3,R4,R5,R20, R31,R32
1	Widerstand	667-ERA-3APB10 2V	R11,R14,R19
1	Widerstand	667-ERJ-3EKF470 1V	R23
1	Widerstand	667-ERJ-PA3F267 2V	R13
1	IC	985-AS89010	AS89010
1	Widerstand	754-HRG3216P200 0BT1	R27
1	Connector	538-87834-1011	Wannenbuchse
1	SMA-Buchse	538-73251-3152	CON
3	2.54mm Stiftleiste	538-42375-1863	

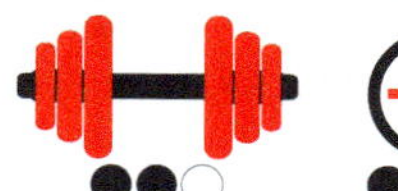

Transimpedanzverstärker wandeln einen eingehenden Strom in eine ausgehende Spannung um. Das Verhältnis von Ausgangsspannung zu Eingangsstrom wird als *Transimpedanz* bezeichnet und in der Einheit [V/A] angegeben. Dieser Schritt ist erforderlich, weil Photodioden einen Photostrom erzeugen, aber Strom nicht direkt gemessen werden kann. Spannungen hingegen lassen sich einfach und präzise mit einem Analog-Digital-Converter (ADC) messen. Für einen besonders großen Dynamikbereich wird in der Leiterplatte dieses Laser-Hacks ein ADC verwendet, bei dem die Spannung mit einem Voltage-Frequency-Converter (VFC) in eine Frequenz umgewandelt wird. Hierbei wird ein Kondensator wiederholt aufgeladen und entladen. Die Ladungsmenge eines Auf- und Entladezyklus ist dabei über die Kapazität des Kondensators genau definiert, sodass die Ladungsmenge pro Zeit, also der Strom, mit hoher Präzision gemessen werden kann. Der erweiterte Dynamikbereich wird durch den Wechsel zwischen Widerstands-Kondensator-Kombinationen am TIA erreicht.

Für das Positionieren und Verlöten der Bauteile werden, wie vorher auch, folgende Materialien benötigt: eine feine Kunststoffpinzette, Lötpaste, Magnete, eine mechanische Fixierung und eine Herdplatte. Hier können alle Materialien der vorangegangenen Laser-Hacks genutzt werden. Zusätzlich sind eine Zange und eine Aluminiumplatte mit 2 mm Dicke und in der Größe der Leiterplatte erforderlich.

Insgesamt muss konzentrierter gearbeitet werden, da viel mehr Bauteile zu bestücken sind. Sicherheitshalber sollte der Untergrund, auf dem die Leiterplatte bestückt wird, vor Beginn der Arbeiten gereinigt werden.

Schritt 1: Zuerst werden alle Bauteile auf einem Tisch vorsortiert. Besonders hilfreich ist hierbei die Positionierungshilfe der folgenden Abbildung, mit der die Bauteile auf die entsprechenden Stellen gelegt werden können. Die Beschriftung der Bauteile entspricht der Bauteilbezeichnung in der Tabelle.

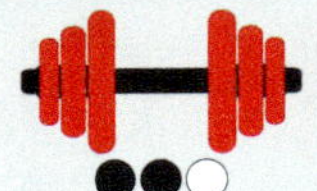

Der Kondensator C35 wird nicht bestückt!

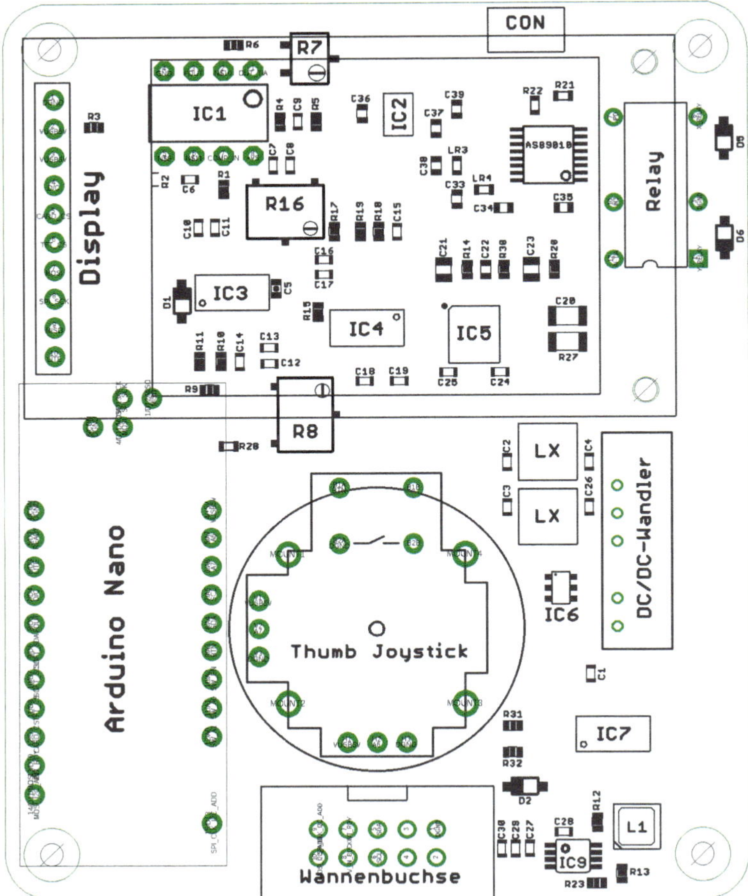

Abbildung 61: *Positionierungshilfe für die Bestückung der Leiterplatte mit SMD-Komponenten*

Schritt 2: Das Rakeln der Lötpaste erfolgt genau so, wie in Laser-Hack 3 gezeigt: Erst die Leiterplatte auf eine Metallplatte mit Anschlag legen, dann den Stencil positionieren und mit Magneten fixieren, dann die Lötpaste auftragen und zum Schluss in einem Zug über den Stencil verteilen.

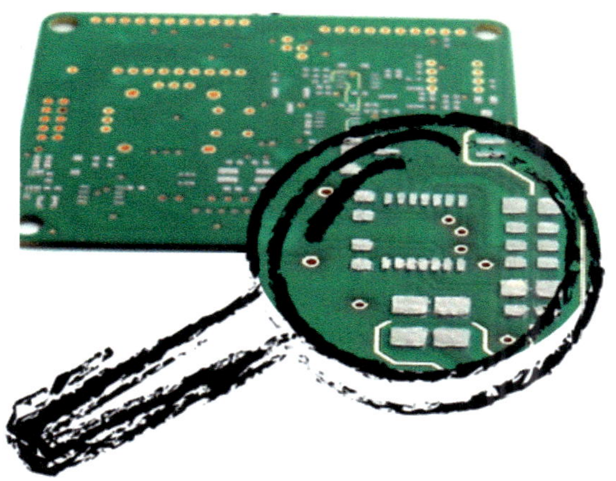

Abbildung 62:
Foto der Leiterplatte nach dem Rakeln der Lötpaste. Die Lötpunkte müssen genau kontrolliert werden.

Bedenke: Der Stencil ist diesmal ein bisschen größer. Nach dem Rakeln müssen daher alle Stellen unbedingt kontrolliert werden. Wenn Kontaktpunkte keine bzw. wenig Lötpaste aufweisen, oder Lötpaste über zwei benachbarte Kontakte verschmiert ist, sollte der Vorgang wiederholt werden. Wie in Laser-Hack 3 beschrieben, muss die Leiterplatte vor jedem neuen Versuch gründlich gereinigt werden.

Schritt 3: Das Positionieren aller SMD-Komponenten auf ihre zugehörigen Positionen und Lötpads mit der Pinzette ist dir bereits bekannt. Da es sich um viele Bauteile handelt, sollte bei diesem Schritt lediglich mehr Zeit für ruhiges Arbeiten eingeplant werden. Weiter gilt, dass die Bauteile nicht schräg auf den Lötpads sitzen dürfen und dass es keine Kontaktschlüsse zwischen benachbarten Lötpunkten gibt. Je genauer an dieser Stelle gearbeitet wird, umso weniger Fehler wird die Leiterplatte am Ende aufweisen.

Anstelle einer Aluminiumplatte kann auch eine alte Pfanne verwendet werden. Die Pfanne bitte nach Verwendung mit Lötpaste nicht mehr zum Kochen benutzen!

Schritt 4: Beim Verlöten der SMD-Komponenten mit der Herdplatte gibt es die deutlichste Änderung im Vergleich zu Laser-Hack 3: Zwischen der Leiterplatte und der Herdplatte muss eine Aluminium-Platte von ca. 2 mm Dicke platziert werden, wie in der Abbildung gezeigt.

Abbildung 63:
Foto der Leiterplatte auf der Herdplatte mit einer Aluminiumplatte zur Homogenisierung der Wärmeverteilung

Was ist die Funktion der Aluminiumplatte? Normale Herdplatten erzeugen die Wärme sehr inhomogen, sodass große Temperaturunterschiede über die Herdplatte hinweg entstehen. Die Inhomogenität resultiert aus der ungleichen räumlichen Verteilung der Heizstäbe unter der Heizplatte. In der Mitte der Platte gibt es meist gar keinen Heizstab. Dafür wird die Platte an den Stellen direkt über den Heizstäben sehr schnell sehr heiß.
Für den Lötprozess bedeutet das, dass über die Fläche der großen Leiterplatte hinweg Temperaturunterschiede entstehen und das Aufschmelzen der Lötpaste unterschiedlich einsetzt. Möglicherweise gibt es sogar Bereiche, an denen die erforderliche Schmelztemperatur nicht erreicht wird. Dadurch kann es passieren, dass einige SMD-Komponenten nicht richtig verlötet werden und ›kalte Lötstellen‹ entstehen. Andererseits kann es passieren, dass Teile der Leiterplatte zu heiß werden und die Leiterplatte und/oder die Bauteile beschädigt werden.
Die Aluminiumplatte hat also die Aufgabe, die Wärmeverteilung zur Leiterplatte zu homogenisieren. Dazu muss sie ausreichend dick sein (mindestens 2 mm) und möglichst plan auf der Herdplatte aufliegen.

Dabei wird die bestückte Leiterplatte zuerst auf die Aluminiumplatte und beide dann auf die kalte (!) Herdplatte gelegt. Jetzt kann mit der Zange das Hochheben der Leiterplatte von der Aluminiumplatte geübt werden. Das Abheben der Leiterplatte ermöglicht, dass

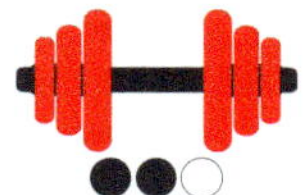

die Leiterplatte nach dem Lötvorgang schnell abgekühlt werden kann. Probiere das mehrfach aus, bevor du im nächsten Schritt die Herdplatte einschaltest. Lege dir außerdem eine Ablage für die heiße Platine, beispielsweise einen Topfuntersetzer, bereit.

VORSICHT VERBRENNUNGS-GEFAHR!
Das Löten mit der Herdplatte sollte immer beobachtet werden!

Schritt 5: Jetzt werden die SMD-Komponenten verlötet. Stelle dazu die Herdplatte auf volle Leistung. Wie bei der ersten Leiterplatte fängt sie erst an zu dampfen, bevor sich nach ein paar weiteren Sekunden die mattgraue Lötpaste in eine silbrig glänzende Oberfläche verwandelt. Sobald alle Lötpads sichtbar glänzen und verlötet sind, schaltest du die Herdplatte ab und lässt sie abkühlen. Damit das möglichst schnell passiert und der Lötvorgang gestoppt wird, sollte die Leiterplatte mit der Zange von der Herdplatte entfernt werden. Hierdurch werden Leiterplatte und SMD-Komponenten auch vor einer thermischen Zerstörung durch Überhitzung geschützt.

Warte ca. 10 Minuten, bevor du die Leiterplatte mit den Händen anfasst.

Zur Erinnerung: Die Dämpfe sind zwar nicht giftig, aber sollten nicht eingeatmet werden. Auf eine ausreichende Belüftung während des Lötvorgangs ist zu achten.

Abbildung 64:
Foto der Lötpads vor (links) und nach (rechts) dem Erhitzen der Herdplatte. Die Lötung ist gut, sobald sie anfängt silbrig zu glänzen.

Nachdem die Leiterplatte vollständig abgekühlt ist, solltest du alle Lötstellen unter der Lupe kontrollieren: Gibt es kurzgeschlossene, nebeneinanderliegende Lötstellen? Gibt es Lötstellen, die weißlich/gräulich erscheinen? Sind alle Lötstellen verlötet?

Bei kurzgeschlossenen Kontakten hilft es manchmal, etwas Flussmittel auf die betroffene Stelle zu geben und mit dem Lötkolben zu erwärmen.

Wenn alles gut aussieht, hast du diesen Laser-Hack erfolgreich geschafft und du kannst mit den Arbeiten mit dem Lötkolben beginnen.

Abbildung 65:
Foto der fertig gelöteten Leiterplatte mit SMD-Komponenten

Laser-Hack 14: ARDUINO®, Display und Joystick einlöten

Abbildung 66: *Foto der fertig bestückten Leiterplatine und Durchsteckelemente*

In diesem Hack werden der ARDUINO® Nano, das Display und der Joystick sowie alle Verbindungsstecker eingelötet. Für diesen Hack werden ein Lötkolben, Lötzinn und die folgenden Bauteile benötigt:

Anzahl	Artikelname	Art.-Nr.	Firma
1	Arduino Nano	A000005	Adafruit.com
1	Adafruit 1.8 TFT LCD Display	EXP-R15-111	Adafruit.com
1	Thumb Joystick	EXP-R05-998	Adafruit.com
1	DC/DC-Wandler	NMA0515SC	reichelt.de
1	IC1	926-LM331AN/NOPB	mouser.de
1	Wannenbuchse	538-87834-1011	mouser.de
1	Ein/Aus-Schalter	T 215	reichelt.de
1	Batterieclip	CLIP 9V	reichelt.de
1	Schrumpfschlauch	1564899	conrad.de
1	SMA-Buchse	CON-SMA-EDGE-S	mouser.de
1	Jumper Kabel	STECHBOARD JBBSW	reichelt.de

Los geht's! Der Zusammenbau ist ähnlich wie in Laser-Hack 7. Die bedrahteten Bauteile werden nacheinander in die dafür vorgesehenen Öffnungen gesteckt und verlötet. Beginne mit dem ARDUINO® Nano. Die Position der Bauteile ergibt sich aus der Positionierungshilfe. Das Display wird mit einer Stiftleiste verlötet, mit der es in die

Buchse auf der Leiterplatte ein- und ausgesteckt werden kann. Achte darauf, dass der Lötkolben heiß genug ist, bevor du beginnst.

Sobald alles fertig eingelötet ist, kannst du das TFT-Display auf die Verbindungsplatine vorsichtig aufstecken und verschrauben. Dein Aufbau sollte jetzt so aussehen, wie in der Abbildung gezeigt.

Abbildung 67:
Foto der fertig zusammengelöteten Leiterplatte mit aufgestecktem Display

Die Punkte für die Versorgungsspannung sind mit einem ›+‹ und ›-‹ gekennzeichnet. Wie bei der ersten Leiterplatte ist der Einbau eines EIN/AUS-Schalters sinnvoll. In diesem Fall erfolgt die Verbindung über einen sogenannten Pin-Header, sodass ein handelsübliches, vorkonfektioniertes Anschlusskabel (›*Female-Jumper-Wire*‹) verwendet werden kann. Ein weiterer Vorteil ist, dass die Kabel auch wieder abgezogen werden können.

Abbildung 68:
Foto eines »Female-Jumper-Wire«

Die Schaltung der Leiterplatte basiert auf einer Kombination der elektrischen Schaltung aus Laser-Hacks 3-6 mit einer Schaltung bestehend aus einem Transimpedanzverstärker (engl.: Trans-Impedance-Amplifier, kurz: TIA) und einem Spannungs-Frequenz-Wandler (engl.: Voltage-Frequency-Converter, kurz: VFC). Die Kombination erweitert den Dynamikbereich der Messelektronik, sodass größere Photoströme gemessen werden können. Dies ist die Voraussetzung für die Verwendung großflächiger Photodioden.

Der Eingang des Messverstärkers (1) ist die bereits bekannte SMA-Buchse, von der das Signal von der großflächigen Photodiode zu einem Umschalter (2) geleitet wird. Hiermit kann das Signal entweder auf den AS89010 Strommessverstärker (3) oder auf den neuen Teil der Schaltung (4) geleitet werden. Die Ansteuerung des Umschalters (2) erfolgt über den ARDUINO® Nano und kann damit in eine beliebige Messroutine integriert werden. Mit dem ARDUINO® Nano kann ein weiterer Umschalter im Schaltungsbereich (4) angesteuert werden, mit dem sich vier verschiedene Widerstands-Kondensator-Kombinationen am TIA anwählen lassen. Dies ermöglicht, es zwischen verschiedenen Messempfindlichkeiten zu wählen.

Das Kabel wird hierzu in der Mitte durchgeschnitten und die beiden Kabelenden entflochten und verzinnt. Jetzt können der Schalter

Für das Labormessgerät kannst du wieder das Gehäuse aus Laser-Hack 9 verwenden. Es muss lediglich ein 1 x 1 LEGO®-Baustein umgesetzt werden, da sich eines der vier Löcher in der Platine an einer anderen Position befindet.

und ein 9V-Stecker angelötet werden. Die abisolierten Kabelenden werden wieder mit Schrumpfschlauch isoliert.

Zum Schluss wird die Leiterplatte in ein Gehäuse eingebaut. Hierbei kann entweder das Gehäuse aus Laser-Hack 9 genommen werden, oder du baust ein eigenes auf. Vielleicht hast du Ideen für ein cooles Design?

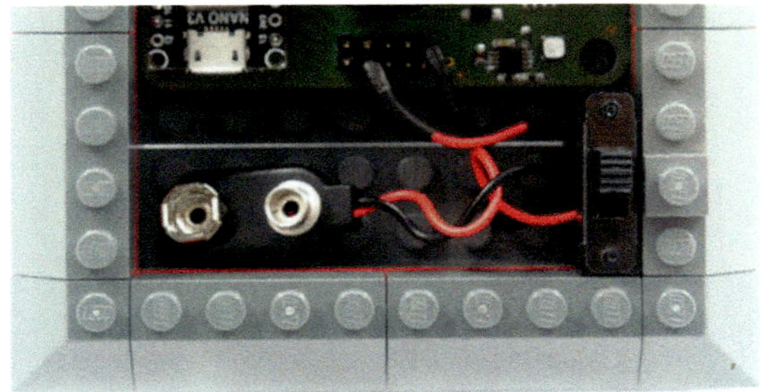

Abbildung 69:
Foto des angeschlossenen Schalters mit 9V-Stromversorgungsstecker

Prima! Du hast damit den wichtigsten und umfangreichsten Teil des Aufbaus erfolgreich abgeschlossen. Im folgenden Hack wird die Firmware aufgespielt.

Laser-Hack 15: Firmware aufspielen

Für die Leistungsfähigkeit der Messelektronik muss eine passende Firmware auf den ARDUINO® Nano aufgespielt werden. Im Vergleich zu Laser-Hack 8 weist diese eine Reihe zusätzlicher Funktionen auf. Vor allem sind das die Ansteuerung des erweiterten Messbereichs, die Möglichkeit zwischen verschiedenen Photodioden wechseln zu können und die Steuer/Datenkommunikation mit einem externen Computer. Das Aufspielen der Firmware erfolgt analog zu Laser-Hack 8 entlang der folgenden drei Schritte:

Die Firmware kannst du dir auf unserer Webseite herunterladen.

Schritt 1: Zuerst muss die Firmware für die Messelektronik für großflächige Photodioden ›PhotometerPro‹ von unserer Webseite auf einen PC heruntergeladen werden.

Schritt 2: Jetzt wird die Arduino IDE gestartet und die Firmware geöffnet. Sollte das Projekt ›PhotometerPro.ino‹ nicht direkt im Startverzeichnis sichtbar sein, muss im Dateiordner nach dem richtigen Verzeichnis gesucht werden. Achtung: Unbedingt die richtige Firmware auswählen, da ansonsten die Messelektronik nicht funktionieren wird.

Damit das Projekt kompiliert, müssen die erforderlichen Bibliotheken installiert sein. Wie das geht, habe ich dir im Laser Hack 8 gezeigt.

Schritt 3: Zum Schluss muss die neu aufgebaute Leiterplatte mit dem ARDUINO® Nano an den PC angeschlossen werden. Nachdem in der ARDUINO® IDE der passende Port ausgewählt ist, kann die Firmware hochgeladen werden. Falls du nicht mehr weißt, wie das geht, kannst du im Laser-Hack 8 nachschauen.

Nach dem Aufspielen der Firmware erfolgt ein automatischer Neustart der Messelektronik und das Display schaltet sich mit dem Hauptmenü ein.

Herzlichen Glückwunsch! Dein Laserleistungsmessgerät ist nun einsatzbereit. Wie es funktioniert, zeige ich dir im nächsten Laser-Hack.

Laser-Hack 16: Laserleistung messen

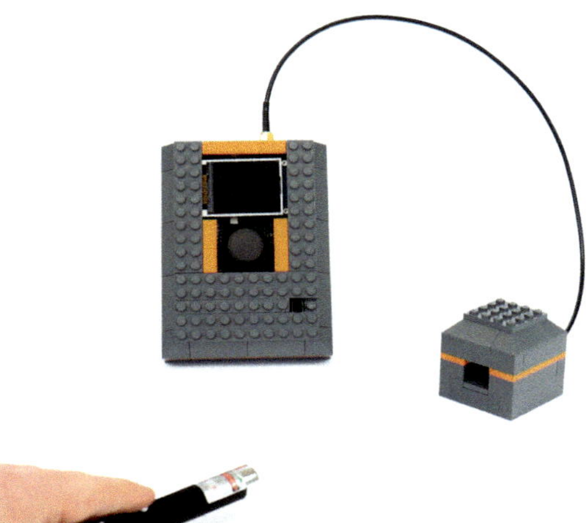

Abbildung 70:
Aufbau zur Messung von Laserleistung mit dem Trick der großflächigen Photodiode

In diesem Hack wird die Bedienung des Messsystems bei Verwendung einer großflächigen Photodiode gezeigt und der erweiterte Funktionsumfang der Messelektronik beschrieben. Verwendet wird der handelsübliche Laserpointer aus Laser-Hack 10, sodass die Unterschiede in Bedienung, Funktion und auch bei den Messsignalen direkt mit dem Streukugel-Messprinzip verglichen werden können.

Die Justage ist sehr einfach, da Laserpointer und Messkopf mit großflächiger Photodiode in ihrer Höhe so zueinander aufgebaut sind, dass die Laserstrahlung nahezu mittig auf die lichtempfindliche Fläche der Photodiode einfällt. Der Abstand zwischen Laserpointer und Photodiode sollte wieder ca. 20-30 cm betragen. Im Vergleich zur Verwendung der Streukugel ist die genaue Ausrichtung der Laserstrahlung hinsichtlich Position auf der Diodenfläche und Winkel in Bezug zur Eintrittsöffnung allerdings nicht so kritisch. Das liegt daran, dass die Photodiode eine deutlich größere Fläche im Vergleich zum Durchmesser der Laserstrahlung aufweist. Zudem ist das Messsignal nur wenig von dem Einfallswinkel abhängig. Dadurch kann die Messung auch erfolgen, wenn der Messkopf in der Hand gehalten und so in die Laserstrahlung positioniert wird.

Bevor es losgehen kann, muss der Messkopf mit der SMA- Steckverbindung der Elektronik verbunden und eine 9V Blockbatterie eingelegt werden.

Jetzt schaltest du das Messgerät ein und wartest, bis das folgende Hauptmenü im Display erscheint.

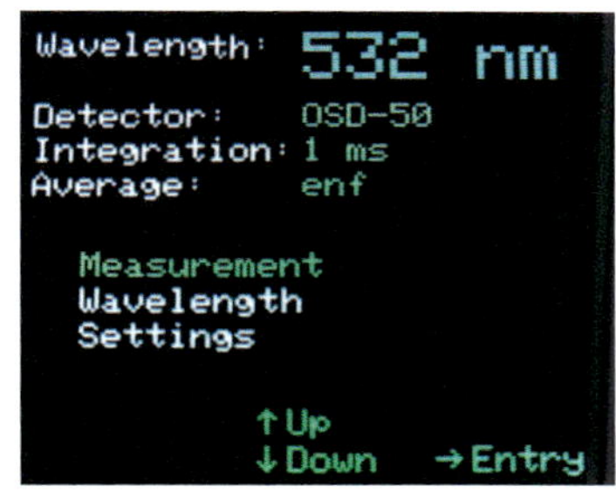

Abbildung 71:
Hauptmenü des Messgeräts für Hochleistungs-Laserdioden.

In den ersten vier Zeilen werden Daten zur Wellenlänge (hier: 532 nm), zum gewählten Detektor (hier: OSD-50), der Integrationszeit (hier: 1ms) und der Mittelung (hier: enf) angezeigt. Darunter befindet sich ein Block mit den drei Menüpunkten: Messung, Wellenlänge und Einstellungen. Die grüne Schriftfarbe weist das gewählte Menü aus (hier: Measurement).

Der unterste Block der Anzeige zeigt dir, in welche Richtung du den Joystick bewegen musst, um zwischen den Menüpunkten zu wechseln (hoch/runter) bzw. diese auszuwählen (rechts).

Insgesamt ist die Bedienung mit der Firmware des Messgeräts für Laserpointer vergleichbar. Im Menü ›Measurement‹ startest du die Messung und es erscheint der folgende Bildschirm:

Die Anzeige habe ich in englischer Sprache gewählt, da die Messelektronik auch in internationalen Forschungslaboratorien einsetzbar ist.

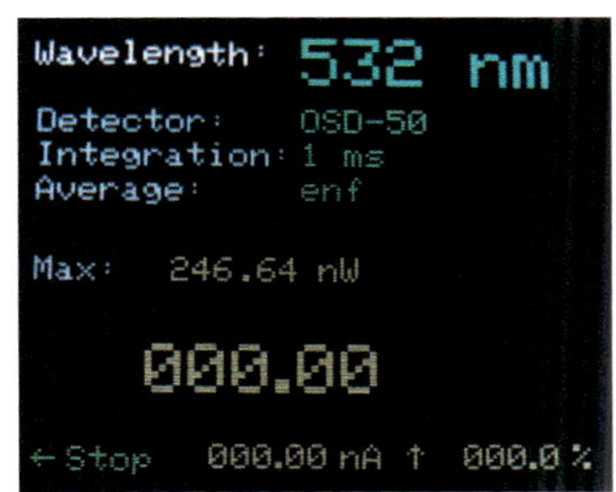

Abbildung 72:
Menü ›Measurement‹

Im Menü ›Wavelength‹ kannst du die Wellenlänge einstellen, wobei sich die Farbe dem angezeigten Wert anpasst. Mit dem Menüpunkt ›*Settings*‹ kommst du in folgendes Untermenü:

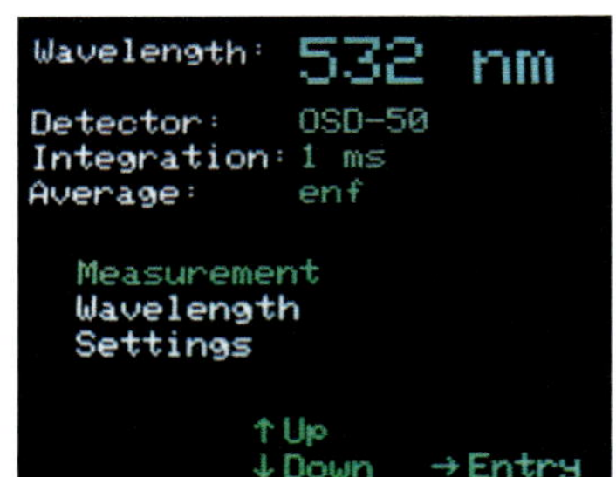

Abbildung 73:
Untermenü ›Settings‹, in dem die Mittelung, die Integrationszeit und der Detektortyp eingestellt werden

Auch in den Untermenüs kannst du mit dem Joystick zwischen den Einstellungen wechseln, die Werte ändern bzw. bestätigen. Das Untermenü verlässt du mit einem Klick nach links.

Die Messwerte werden auf die eingestellte Integrationszeit automatisch in der Firmware normiert. Dadurch verändert sich der Messwert nur hinsichtlich seiner Genauigkeit.

Hier ist die erste Wahlmöglichkeit das Einstellen der Mitteilungen ›Number of Averages‹. Damit wird bestimmt, über wie viele Messwerte der angezeigte Messwert gemittelt werden soll. Ich stelle gewöhnlich 10 Wiederholungen ein. Hierbei gilt: Je mehr Mittelungen, desto geringer ist das Rauschen und desto länger dauert die Messung. Mit der zweiten Option ›Integrationtime‹ kann die Integrationszeit eingestellt werden. Hier nehme ich normalerweise 16 ms, da dies ein guter Kompromiss zwischen Messgeschwindigkeit und Genauigkeit ist. Eine Integrationszeit von 16 ms bei 10 Mittelungen heißt, dass der Messwert alle 160 Millisekunden (also grob 6x pro Sekunde) aktualisiert wird. Für die meisten Anwendungen ist das ausreichend. Bei schwachen Laserleistungen bzw. bei schnellen Messungen muss diese Einstellmöglichkeit angepasst werden. Die dritte Wahlmöglichkeit ist der ›Detektor‹. Hier kann zwischen verschiedenen Messköpfen gewählt werden. In diesem Buch verwenden wir bislang zwei verschiedene: die SFH-203P für das Streukugel-Messprinzip und die OSD50-5T für den Trick mit der großflächigen Photodiode. Das Messgerät erlaubt also den Wechsel zwischen diesen beiden, aber auch weiteren Detektoren. Dies ist vor allem wichtig, wenn andere Wellenlängen mit anderen Detektoren gemessen werden müssen, also bspw. wenn im infraroten Spektralbereich Laserleistung gemessen werden soll.

Der Menüpunkt ›Firmware‹ gibt Auskunft über die auf dem Gerät aufgespielte Firmware. Hiermit kann überprüft werden, ob die richtige bzw. aktuellste Firmware auf dem Gerät aufgespielt ist.

Mit dem Laserpointer kannst du dich nun mit den einzelnen Funktionen vertraut machen. Beginne mit der Einstellung der Laserwellenlänge von 650 nm und starte die Messung. Sobald die Laserdiode eingeschaltet ist, zeigt dir das Messgerät die Laserleistung automatisch an. Der angezeigte Wert sollte sehr klein werden, sobald du den Laserstrahl blockierst oder ausschaltest.

Bei meiner Messung (10 Messwerte Mitteilung, 16 ms Integrationszeit) erhalte ich einen Leistungswert von 928.15 µW. Der Wert ändert sich in der zweiten Nachkommastelle alle paar Sekunden, sodass die Messgenauigkeit bei ca. 0.1 µW liegt. Der Hersteller gibt für den Laserpointer eine Leistung von 1 mW = 1000 µW an. Das ist nicht verwunderlich, da die Herstellerangabe den zulässigen Maximalwert ausweist! Der Laserpointer fällt damit unter die Laserschutzklasse 2 und kann für Präsentationen augensicher eingesetzt werden.

Jetzt kannst du anfangen auszuprobieren, was passiert, wenn du einzelne Parameter änderst. Beginne bspw. mit der Wellenlänge. Hier verändert sich der Messwert aufgrund der spektralen Kennlinie der Photodiode. Wenn du den Laserpointer ausschaltest, wird eine weitere Besonderheit der Firmware sichtbar: Der Messbereich stellt sich automatisch um. Diese Funktion ist bei der Vermessung von mehreren Lasern mit unterschiedlicher Laserleistung hilfreich.

Probier ruhig alles aus! Je besser du die Funktion des Messgeräts verstehst, umso sicherer wirst du bei der Messung von Laserstrahlung sein.

Leider gibt es auch Ausnahmen bei der Richtigkeit der Herstellerangaben. Dies ist meist bei Laserpointern die aus Asien importiert wurden der Fall. Wenn diese eine Leistung von mehr als 5 mW aufweisen, ist ihr Betrieb in der Europäischen Union (EU) nicht zugelassen. Ferner erreichen sie dann die Laserschutzklasse 3, sodass ihr Licht gefährlich für Haut und Auge wird. Daher bitte nur Laserpointer aus zuverlässigen Quellen in der EU kaufen und bei Erstinbetriebnahme die Laserleistung überprüfen. Ein Messgerät hierfür hast du ja bereits aufgebaut.

Laser-Hack 17: Mit LabVIEW ansteuern

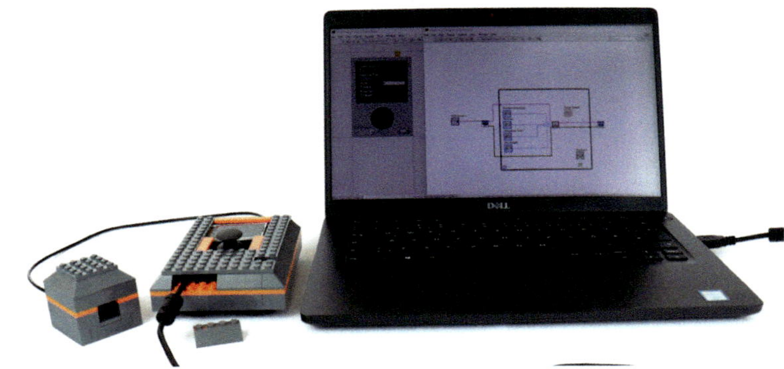

Abbildung 74: *LabVIEW Grafikprogrammierung für die Steuerung des Messgeräts*

Die LabVIEW Student Software Suite erhältst du als Schülerversion kostengünstig für den privaten Gebrauch über die Herstellerwebseite von National Instruments. Der Name LabVIEW steht übrigens für **Lab**oratory **V**irtual **I**nstrumentation **E**ngineering **W**orkbench.

In diesem Hack wird die Steuerung des Messsystems mit einem externen Computer beschrieben. Hierzu kann jeder handelsübliche PC oder Laptop mit USB-Anschluss verwendet werden. Als Steuersoftware kommt LabVIEW zum Einsatz, also eine grafische Programmierumgebung, die in professionellen Laserlaboratorien zur Prozesssteuerung komplexer laseroptischer Experimente eingesetzt wird.

Für die Ansteuerung muss der ARDUINO® Nano per USB-Kabel mit dem PC verbunden sein. Weiter wird ein sogenanntes Virtuelles Instrument (VI) benötigt, das die spezifischen Befehle für das Messgerät beinhaltet. Eine einfache VI mit den wichtigsten Steuerbefehlen habe ich auf unserer Webseite www.1000laserhacks.de hinterlegt.

Zuerst startest du LabVIEW und installierst die VI auf deiner grafischen Oberfläche. Das Messgerät schaltet bei erfolgreicher Initialisierung automatisch in den LabVIEW Modus und wechselt auf dem Display die Anzeige zu ›LabVIEW Mode‹, wie in der Abbildung gezeigt. Der Joystick erlaubt jetzt nur noch die Funktion, den LabVIEW Modus zu verlassen. Hierzu brauchst du den Joystick nur nach links zu bewegen, wie es der Pfeil beim Schriftzug ›Exit‹ auf dem Display zeigt.

Die Photometer.vi kannst du von unserer Webseite herunterladen. Die Installation ist im Manual von LabView ausführlich beschrieben.

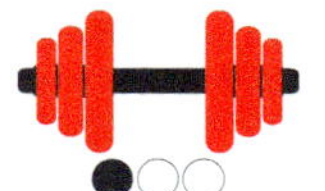

Abbildung 75:
Anzeige auf dem Display des Messgeräts bei erfolgreicher Initialisierung der LabVIEW VI

In der VI kann die Einstellung der Parameter über die Inputs vorgenommen werden, so wie manuell am Gerät per Joystick in Laser-Hack 16 beschrieben wurde. Neu ist lediglich der Parameter ›Com-Port‹, der die Auswahl des richtigen USB-Ports ermöglicht. Zudem können hiermit mehrere Messelektroniken an einem PC betrieben werden. Die weiteren Parameter ›Number of Averages‹, ›Detector‹, ›Integration Time‹ und ›Wavelength‹ weisen die gleichen Funktionen auf, wie sie bei der manuellen Steuerung beschrieben wurden.

Für das Auslesen der Messwerte nutze ich den (virtuellen) Output der VI mit dem Parameter ›Power in mW‹. Beachte bitte, dass – unabhängig von dem eingestellten Messbereich – die Leistungsangabe immer in mW erfolgt. Jetzt kannst du dir deine eigene Bildschirmausgabe programmieren. Ein sehr einfaches Beispiel zeigt die folgende Abbildung, in der links die Bildschirmausgabe und rechts das zugehörige Blockdiagramm gezeigt sind.

Das grafische Programmiersystem LabVIEW verwendet als Funktionsblöcke sogenannte eigenständige virtuelle Instrumente, VIs, die in jedes Programm eingebunden werden können. Die Lasermessgerät VI lässt sich somit einfach in komplexe Programmroutinen integrieren.

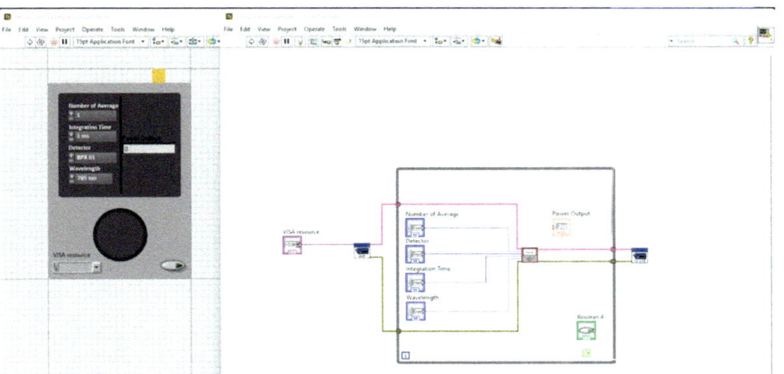

Abbildung 76:
Einfache Bildschirmausgabe der gemessenen Leistung (rechts) mit zugehörigem Blockdiagramm (links)

Herzlichen Glückwunsch! Auch die Programmierung deines Messsystems hast du erfolgreich gemeistert! Jetzt gibt es keine Grenzen mehr bei der automatisierten Messdatenerfassung mit dem Messsystem. Probier' es aus! Vielleicht findest du ja die ein oder andere Idee zum Nachbauen in den Next-Level-Hacks?

Next-Level-Hacks: Laserleistung messen

In diesem Buch hast du bereits zwei unterschiedliche Messprinzipien zur Messung der Leistung von Laserstrahlung kennengelernt. Damit sind dir die Grundlagen zur Messung sowie zur Funktion der Messelektroniken bekannt, aber auch wie die Messelektronik zusammengelötet wird und wie deren Schaltungselektronik aufgebaut ist.

Im dritten Teil dieses Buches zeige ich dir weitere spannende Tricks, Anwendungen, aber auch Ergänzungen, die sich aus den Messprinzipien, den Aufbauten oder auf Basis der vorhandenen Funktionalitäten realisieren lassen. Du wirst nicht nur weitere technische Details kennenlernen, sondern auch zusätzliche Hintergrundinformationen zum Verständnis der Messprinzipien. In einigen Experimenten werden weitere Materialien benötigt, die wie gewohnt zu Beginn der Kapitel zusammengefasst werden. Ergänzende Erklärungen und Materialien findest du wie immer auch auf der Webseite zur Buchreihe. Hol dir so viele Anregungen wie du möchtest, und experimentiere weiter! Deiner Kreativität sind hier keine Grenzen gesetzt.

Laser-Hack 18: Photodiode ohne SMA-Buchse verkabeln

Abbildung 77: *Photodiode, die direkt in die Buchse eines RC-Kabels gesteckt wurde*

In Laser-Hack 2 wurde die Photodiode an ein konfektioniertes Koaxialkabel mit SMA-Stecker angelötet. SMA-Steckverbindung und Koaxialkabel stellen hierbei einen besonders geringen Signalverlust zwischen der lichtempfindlichen Fläche der Photodiode und der

Messelektronik sicher. Für eine schnelle, einfache Messung der Laserleistung ist dieser besonders hohe Anspruch an die Signalqualität nicht immer erforderlich. Beispielsweise wenn nur geprüft werden soll, ob ein Laserpointer die Schutzklasse 2 erfüllt und eine Laserleistung von deutlich unter 1 mW Leistung aufweist. In diesem Fall ist die alternative Verkabelung ausreichend, die in der Abbildung zu sehen ist. Hierbei habe ich ein einfaches und zugleich kostengünstiges Anschlusskabel aus dem Modellbau verwendet, das eine Kunststoffbuchse mit 3 Kontakten aufweist. Die LED wird hierbei direkt in die Buchse eingesteckt und das Kabel an die Messelektronik aus Laser-Hack 6 angelötet. Folgendes Kabel kann für diesen Laser-Hack verwendet werden:

Die Bezeichnung RC beim Kabel bedeutet ›radio controlled‹ oder ›remote controlled‹ und weist auf die Anwendung im Modellbau hin. RC-Kabel sind bei allen Modellbaugeschäften, aber auch bei www.conrad.de erhältlich.

Anzahl	Artikelname	Art.-Nr.
1	RC Kabelset OSDwire	1197070-62

Das Kabel ist dreipolig ausgeführt. Für den Anschluss der Photodiode wird allerdings nur die schwarze & rote Leitung genutzt und auf der Oberseite (!) der Leiterplatte angelötet. Wie in der Vergößerung der Abbildung gezeigt, wird das Kabel an den beiden unteren Lötpads angelötet. Das dritte Kabel kann vollständig entfernt werden.

Abbildung 78: *Alternative Verkabelung der Photodiode mit einem RC-Kabel und der Leiterplatte aus Laser-Hack 6*

Das rote Kabel ist bei mir die Signalleitung, das schwarze ›GND‹, also Erdpotential bzw. der negative Pol der Batterie. Entsprechend muss beim Einstecken der Photodiode in die Kunststoffbuchse auf die richtige Polung geachtet werden. Sollte das Messgerät nicht funktionieren, ist die Photodiode möglicherweise falsch herum eingesteckt.

Achte darauf, dass du die Photodiode mit dem längeren Pin mit der Signalleitung (Mitte) verbindest!

Laser-Hack 19: Erweiterung auf 4 Photodioden

Abbildung 79:
Leiterplatte aus Laser-Hack 5 mit vier angelöteten SMA-Buchsen

Die Messelektronik aus Laser-Hack 6 weist insgesamt vier Eingänge für die Messung von Photodiodensignalen auf, von denen bislang nur der erste Eingang genutzt wurde. In einigen Anwendungen ist es erforderlich, dass mehrere Messsignale erfasst werden. Entweder um die Laserleistung von mehreren Laserpointern gleichzeitig zu kontrollieren, oder bei der Verwendung einer sogenannten Quadrantendiode. Solche Photodioden weisen vier lichtempfindliche Flächen auf und werden häufig zur Bestimmung der Position der Laserstrahlung verwendet.

Vier Photodioden kommen zum Beispiel bei 2-Strahlinterferometern zum Einsatz, wie du sie im Buch ›Hologramme zum Selbermachen‹ (ISBN: 978-3946496 137) nachlesen kannst. Hierbei werden die Laserleistungen von Referenz- und Signalwellen vor und nach der holographischen Probe bestimmt.

Die Abbildung zeigt den Fall, dass alle vier Eingänge mit SMA-Buchsen verlötet sind. Alternativ können natürlich auch RC-Kabel verwendet werden, wie in Laser-Hack 18 gezeigt. Oder SMA-Buchse und RC-Kabel werden gemischt verwendet.

Damit alle vier Kontakte von der Messelektronik erfasst werden können, ist eine erweiterte Firmware ›PhotometerEDU4‹ erforderlich, die auf unserer Webseite heruntergeladen werden kann.

Laser-Hack 20: Reflexionsspektren selber aufzeichnen

Abbildung 80: *Verdrahtung der Leiterplatte für Laserdioden mit einem Steckboard*

Die Abbildung zeigt die Verdrahtung der Leiterplatte aus Laser-Hack 6 mit einem Experimentier-Steckboard, wie es für viele ›on the fly‹-Elektronikaufbauten verwendet wird und in Schulen zum Einsatz kommt. Für diesen Laser-Hack werden folgende Bauteile benötigt (Artikelname und -nummer von www.conrad.de):

Anzahl	Artikelname	Art.-Nr.
1	Steckplatine mit 400 Polen	1564793 - YS
1	Steckbrückenset	1662102 - YS

Die Verdrahtung mit einem Steckboard hat mehrere Vorteile:

- Zum Testen der Hardware: Die Funktion der gelöteten Leiterplatte kann bereits getestet werden, bevor die Hauptplatine (Laser-Hack 7) zusammengebaut wird. Hierzu wird der ARDUINO® Nano auf der Leiterplatte mit Steckbrücken verkabelt, die ihrerseits mit der Stiftleiste der Leiterplatte verbunden werden können. Ich nutze dies auch, um Lötfehler gezielt auf der Leiterplatte zu finden, sollte das fertig zusammengebaut Messgerät nicht funktionieren. Werden keine Fehler auf der Leiterplatte gefunden, kann gezielt nach fehlerhaften Lötstellen auf der Hauptplatine gesucht werden.
- Zum Experimentieren: Die Leiterplatte am Steckboard ist zum freien Experimentieren perfekt geeignet. Damit lassen sich verschiedene, modifizierte Geräte aufbauen. Die Abbildung zeigt die Leiterplatte mit insgesamt 4 SMA-Buchsen (vgl. Laser-Hack 19), an die vier Streukugeln angeschlossen werden können.

- Zum Erklären: Erkläre deinen Freunden mit dem Steckboard die Funktion der Leiterplatte oder das Aufspielen einer Firmware auf den Arduino. Auch kann die Funktion der Verdrahtung gezeigt werden und es lassen sich gezielt Fehler simulieren (beispielsweise, wenn eine Kabelbrücke entfernt wird). Alles kann in Ruhe erfolgen, da die schnellen Lötschritte entfallen. Zudem lenkt der Lötvorgang selbst nicht von der inhaltlichen Erklärung der Leiterplatte ab.

Für das Arbeiten mit dem Steckboard ist die Belegung der Kontakte der eingelöteten 6er Stiftleiste an der Leiterplatte wichtig. In der folgenden Tabelle und Abbildung sind die Stiftnummern aufgelistet, ihre Bedeutung für die elektronische Steuerung und mit welchen Eingängen eines ARDUINO® Nano diese verbunden werden.

Pin	Messverstärker	Arduino Nano
1	5V	VIN
2	GND	GND
3	SYNC	A2
4	READY	A3
5	SCL	A5
6	SDA	A4

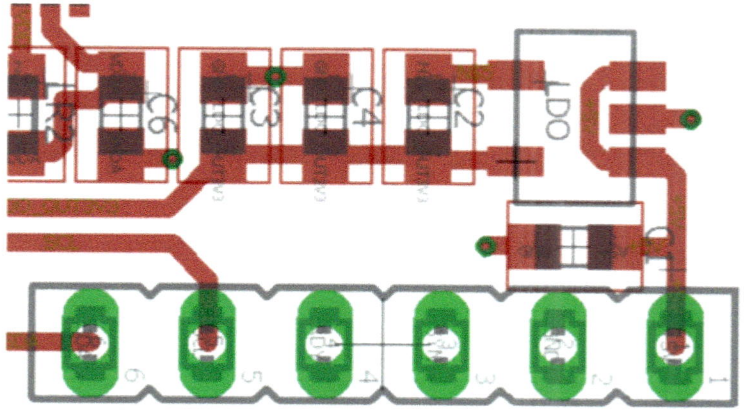

Abbildung 81: *Ausschnitt des Leiterplattenlayouts im Bereich der Stiftleiste. Die Nummerierung der Pins ist gut zu erkennen. Die Zuordnung zu den Eingängen eines ARDUINO® Nano sind in der Tabelle aufgelistet.*

Laser-Hack 21: Laserwarnschild und Laserwarnlampe bauen

Abbildung 82: *Laserwarndreieck aus LEGO®-Bausteinen. Laserwarnleuchte mit LED-Blinkeinheit aus fischertechnik®*

Für mein Zimmer zu Hause habe ich ein Laserwarndreieck und eine Laserwarnlampe aufgebaut, auch wenn ich nur mit Laserpointern mit einer Laserleistung bis höchstens 1 mW arbeite: Sicher ist sicher! Das Laserwarndreieck habe ich aus LEGO®-Bausteinen aufgebaut und, es ist der gelb/schwarzen Gestaltung der Kennzeichnung von Laserstrahlung bestmöglich nachempfunden. Aufmerksamkeit erzeugt dieses Warndreieck dabei nicht nur durch die Signalwirkung des Piktogramms oder die Größe, sondern auch dadurch, dass es komplett aus LEGO® -Bausteinen aufgebaut ist.

Achte darauf, dass zusätzlich eine Kennzeichnung der Laserdaten neben dem Warnschild angebracht ist. Ein Papierschild mit der Laserleistung des Laserpointers, der Wellenlänge und der Laserklasse auf gelben Papier reicht vollkommen. Die Daten sind auf jedem Laser zu finden.

Etwas aufwändiger ist die Gestaltung der Laserwarnlampe, die ich aus fischertechnik®-Komponenten gebaut habe. Der fischertechnik®-Baukasten hat hier den Vorteil, dass es ein Elektronik-Set mit LEDs, Verkabelung, Schaltern, Wechselblinklichtmodul und Steckern/Kabeln gibt, die sich bestens für den Aufbau der Warnlampe eignen. Es gibt zwei Möglichkeiten für das Signallicht. Meist wird ein An/Aus-Licht verwendet. Ich selbst bevorzuge eine Wechselblinklampe, damit durchgehend eine Beleuchtung vor meiner Tür zu sehen ist. Auf der Rückseite des Gehäuses habe ich einen Schalter angebracht, mit dem ich die Lampe ein- und ausschalten kann, je nachdem, ob ich mit Laserstrahlung arbeite oder nicht.

Das Gefährdungspotenzial von Laserstrahlung für Auge und Haut ist in die vier Laserklassen 1-4 unterteilt. Zur Laserklasse 1 zählt Laserstrahlung, die in abgeschlossenen Geräten entsteht, wie beispielsweise innerhalb von BluRay® Playern. Sie kann unter vernünftigen Bedingungen nicht in das Auge gelangen und gilt als ungefährlich. Unter die Laserklasse 4 fällt hingegen Laserstrahlung, für das Auge oder die Haut ist und Brand- oder Explosionsgefahr verursachen kann. Auch diffus gestreute Laserstrahlung kann hier sehr gefährlich sein. Laserpointer im sichtbaren Spektralbereich fallen beispielsweise unter die Laserklasse 2. Sie dürfen eine Laserleistung von 1 mW nicht überschreiten. Abhängig von der Laserklasse sind für den Betrieb von Lasern organisatorische und technische Maßnahmen zu ergreifen. So darf Laserstrahlung der Laserklassen 3 & 4 nur in einem abgegrenzten Bereich, dem ›Laserbereich‹, betrieben werden. Das Betreten kann bspw. durch Türklopfen an der Tür (= organisatorische Maßnahme) geregelt sein. Der Laserbereich muss dabei deutlich durch ein Laserwarnschild mit Kennzeichnung der Laserschutzklasse und eine Laserwarnlampe (technische Maßnahme) erkennbar gemacht werden. Weiter müssen Laserschutzbrillen aufgesetzt werden.

Die genaue Definition zur Einordnung in die Laserklassen ist in der DIN EN 60 825 (VDE 0837) festgehalten. Informationen zum Betrieb von Lasereinrichtungen findest du in der Vorschrift 11 zur Laserstrahlung der Deutschen Gesetzlichen Unfallversicherung DGUV.

Laserschutzbrillen erhältst du nur im Fachhandel. Ich selbst nutze ausschließlich Brillen von Laser Components: www.lasercomponents.de

Abbildung 83: *Foto der Rückseite der Laserwarnlampe mit An/Aus-Schalter*

Auf unserer Webseite findest du ein Video der Warnlampe im Betrieb.

Im Innern der Laserwarnlampe sind insgesamt 16 LEDs, verbaut mit mehr als 100 Kabeln. Das Verschrauben der einzelnen Kabel und Stecker hat mehrere Stunden gedauert. Das Ergebnis ist es aber wert!

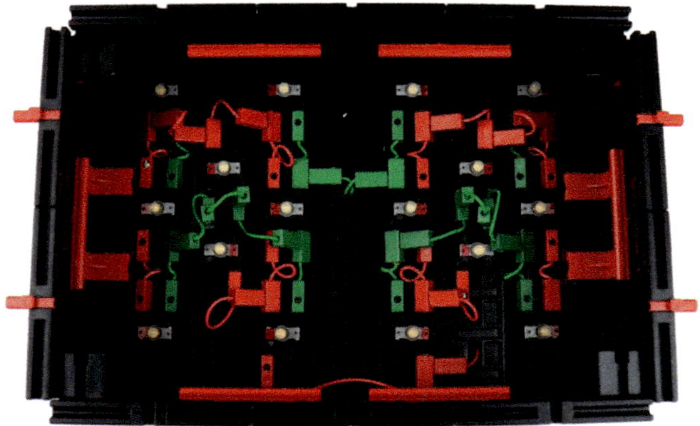

Abbildung 84:
Innenleben der Laserwarnlampe mit 16 LEDs und mehr als 100 Kabeln.

Als Frontplatte wird eine transparente Plexiglasplatte verwendet, die in jedem Baumarkt erhältlich, und mit bedrucktem Transparenzpapier auf der Vorderseite ausgestattet ist. Diese wird mit fischertechnik® Steinen fixiert. Für den Aufdruck können entweder ein Farbdrucker oder Farbfilzstifte verwendet werden. Sehr gut geeignet sind dabei neonfarbige Filzstifte, die in jedem Buchhandel erhältlich sind.

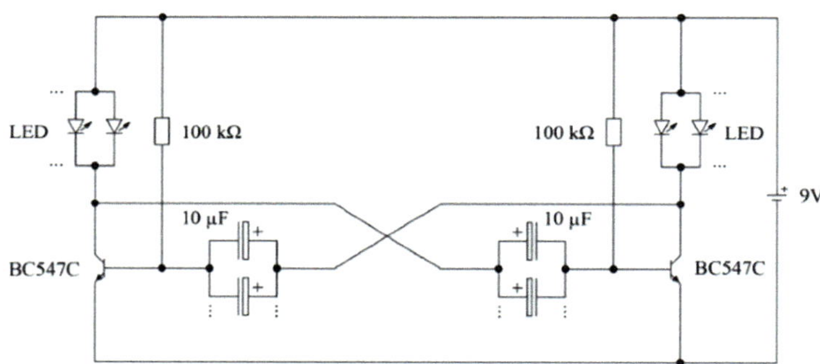

Abbildung 85:
Schaltplan der Laserwarnlampe

Laser-Hack 22: Große Streukugel bauen

Abbildung 86:
Komponenten, die du für den Aufbau der großen Streukugel benötigst: Styroporkugel, weiße Wandfarbe, Pinsel, Filzstift und Cuttermesser

In diesem Laser-Hack wird eine alternative Konstruktion einer Streukugel auf Basis einer Styroporkugel gezeigt. Die Styroporkugel hat für die Funktion einer Streukugel verschiedene Vorteile: Erstens weist diese schon die perfekte Form einer Kugelinnenfläche auf. Zweitens verringert die poröse Materialstruktur das Gefahrenpotenzial von Laserstrahlung erheblich, da Laserlicht, das in das Styropor eindringt, stark gestreut und damit abgeschwächt wird. Drittens sind Styroporkugeln vergleichsweise kostengünstig und einfach im Fachhandel zu kaufen. Viertens gibt es Styroporkugeln in verschiedenen Durchmessern, sodass die Streukugel unterschiedlichen Experimenten einfach angepasst werden kann.

Für diesen Laser-Hack werden folgende Materialien benötigt:

Anzahl	Artikelname	Firma
1	Styroporkugel, Innendurchmesser: 25 cm	Amazon.de
1	Weiße Wandfarbe, lösungsmittelfrei	Hornbach.de
1	Cuttermesser	Hornbach.de
1	Filzstift	Amazon.de

Die Styroporkugel habe ich bei Amazon.de gekauft. Achte beim Kauf unbedingt auf die Größenangaben, da sich diese auf den Außendurchmesser beziehen. Für die Funktion der Ulbrichtkugel ist der Innendurchmesser entscheidend!

Diese Styroporkugel hat einen Innendurchmesser von ca. 25 cm und eine Wandstärke von ca. 2,5 cm. Beim Kauf ist darauf zu achten,

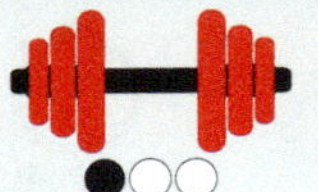

Die Bestrahlungsstärke im Innern der Streukugel ist über das Verhältnis von Laserleistung und Innenfläche der Kugel gegeben. Die Innenfläche der Kugel hängt mit dem Kugeldurchmesser über die Formel

Kugelinnenfläche = $\pi \cdot$ (Kugeldurchmesser)^2

zusammen, sodass die Bestrahlungsstärke über den Kugeldurchmesser variiert werden kann ($\pi \approx 3{,}1415...$ ist hier die Kreiszahl). Verdoppelst du beispielsweise den Kugeldurchmesser, reduziert sich die Bestrahlungsstärke automatisch um einen Faktor 4 bei gleichbleibender Laserleistung.

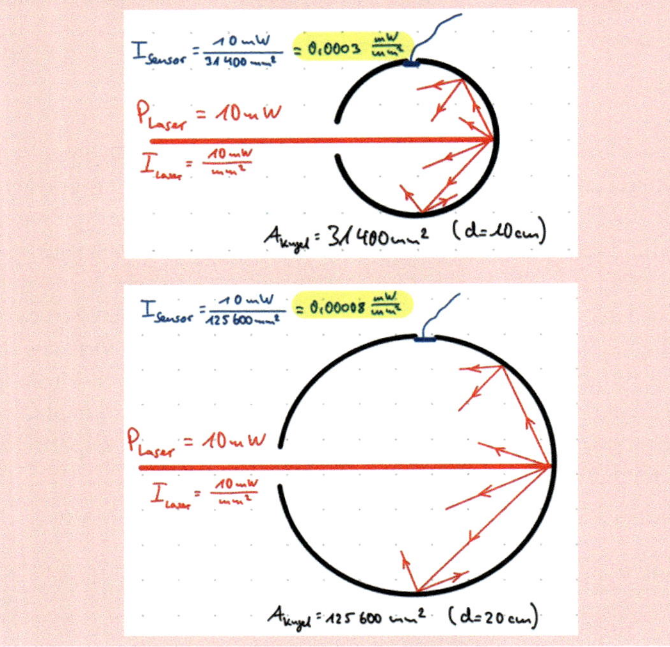

dass die beiden Kugelhälften mechanisch miteinander gut verbunden werden können und keine Lichtspalte zwischen den Kugelhälften entstehen kann. So weist die hier genutzte Kugel Nut und Feder für eine perfekte Verbindung auf. Weiter ist wichtig, dass die Kugel keine Beschädigungen aufweist, damit keine Laserstrahlung aus der

Kugel nach außen gelangt und/oder kein Umgebungslicht in die Streukugel einfallen und die Messung verfälschen kann.

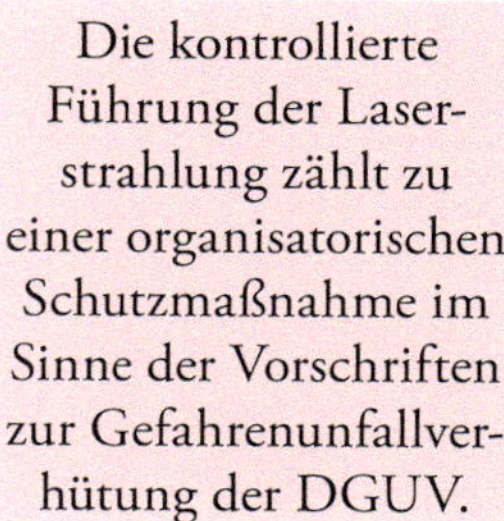
Die kontrollierte Führung der Laserstrahlung zählt zu einer organisatorischen Schutzmaßnahme im Sinne der Vorschriften zur Gefahrenunfallverhütung der DGUV.

Die Kugel muss als Erstes innen mit weißer Wandfarbe bestrichen werden. Diese ›Beschichtung‹ verbessert die Streueigenschaften der Innenfläche und verringert zugleich das Austreten von gestreuter Laserstrahlung durch die Kugelwand. Am besten eignet sich matte Wandfarbe für den Innenbereich. Die Wandfarbe sollte unbedingt lösungsmittelfrei sein, damit das Styropor nicht angegriffen wird. Die Kugel muss vor den weiteren Arbeitsschritten gut abgetrocknet sein. Die erforderliche Trocknungszeit der Farbe ist dem Hinweiszettel auf dem Farbeimer zu entnehmen.

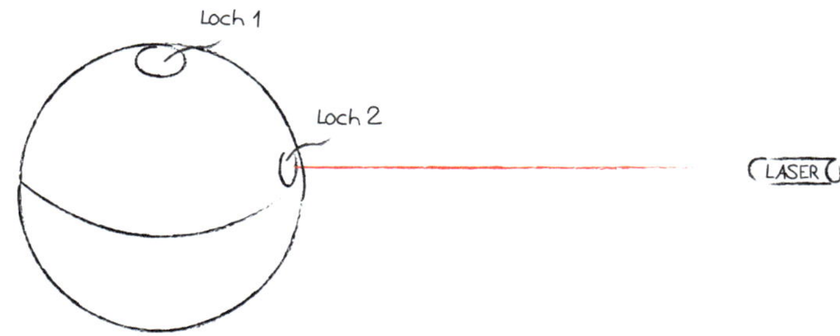

Abbildung 87: *Skizze zur Position der Löcher in der Styroporkugel für den Messkopf und das einfallende Laserlicht*

Damit aus der Styroporkugel eine Ulbrichtkugel wird, müssen zwei Löcher eingebracht werden: Ein Loch für den Laserstrahleintritt und ein Loch für die Befestigung des Messkopfes. Die beiden Löcher sollten dabei unter 90° zueinander angebracht sein, wie es bei der Streukugel im ersten Laser-Hack gemacht wurde. Dadurch fällt die Laserstrahlung nicht direkt auf die Photodiode und es ist sichergestellt, dass die Laserstrahlung kontrolliert waagerecht, also parallel zur Tischplatte, verläuft. Schräg verlaufende Laserstrahlen sind sehr gefährlich, da sie schlecht in ihrem Strahlverlauf zu kontrollieren sind und unterschiedliche Höhen an unterschiedliche Positionen aufweisen.

Die Skizze zeigt die beste Anordnung der beiden Löcher. Der Durchmesser des Lochs für den Messkopf beträgt 20 mm und für den Lasereintritt 10 mm. Für diesen Arbeitsschritt werden die beiden Löcher mit einem schwarzen Filzstift markiert. Das Ausschneiden gelingt am besten mit einem Bohrer. Kontrolliere beim Ausschneiden fortlaufend den Durchmesser und achte darauf, dass keine Risse am Rand der Löcher entstehen. Den Innenrand der beiden Öffnungen wird abschließend noch mit Wandfarbe betupft.

Als nächster Arbeitsschritt ist eine Halterung für die großflächige Photodiode zu bauen, die einerseits eine lichtdichte Fassung für die Photodiode darstellt, andererseits den Einbau in die Streukugel ermöglicht. Zudem muss die Möglichkeit gegeben sein, einen Filter einzubauen.

Abbildung 88:
OSD 50 Diode mit Neutralglasfilter in 3D-gedruckter alterung für den Einsatz in der großen Streukugel

Die .stl-Datei für den 3D-Druck der Photodiodenhalterung und die Anleitung für die LEGO®-Halterung der großen Streukugel findest du auf unserer Webseite.

Hierfür habe ich eine Halterung konstruiert, die ich mittels 3D-Druck gefertigt habe. Es handelt sich um zwei Halbschalen, in die die Photodiode und der Filter passgenau eingesetzt und mit einer Überwurfmutter verschraubt werden können. Dabei ist das Außengewinde so konstruiert, dass Überwurfmutter und Gehäusekopf für den Einbau in die Streukugel verwendet werden können.

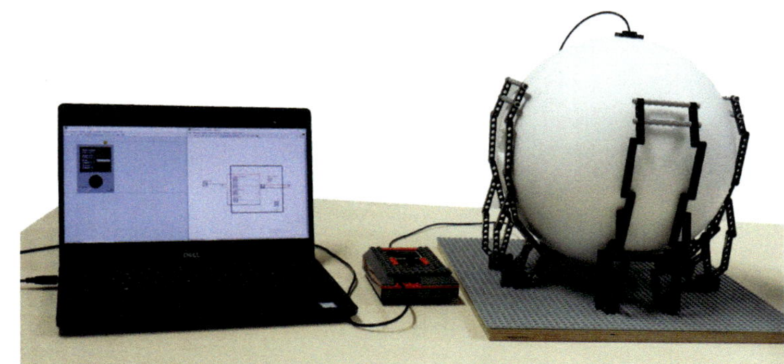

Abbildung 89:
Fertige Streukugel mit eingebauter Photodiode und Halterung aus LEGO®-Bausteinen

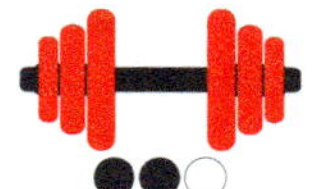 

Laser-Hack 23: Photodioden kalibrieren

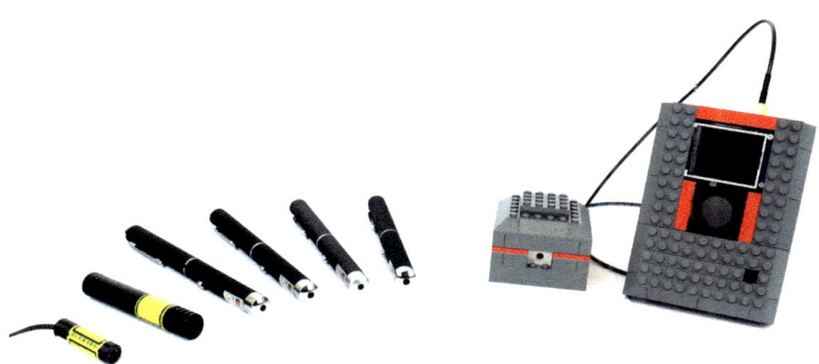

Abbildung 90:
Verschiedene Laserpointer zur Kalibrierung von Photodioden

In diesem Laser-Hack wird gezeigt, wie eine spektrale Kalibration einer Photodiode mit der aufgebauten Messelektronik durchgeführt wird. Bei der spektralen Kalibration wird die spektrale Empfindlichkeit von Photodioden erfasst und der Umrechnungsfaktor zwischen Photostrom und Laserleistung wellenlängenabhängig bestimmt. Eine solche Kalibration ist in der verwendeten Firmware bereits enthalten und abgespeichert. Sie ist daher nur dann erforderlich, wenn neue Photodioden von anderen Herstellern oder eines anderen Typs, aber auch, wenn andere Streukugeln verwendet werden sollen.

Die Kalibrationsdaten in der Firmware sind als sogenannte Lookup-Tabelle abgelegt und auf zwei Nachkommastellen gerundet.

Für diesen Laser-Hack wird dein Messgerät aus Laser-Hack 1-10 mittels neuer Firmware in ein Ampèremeter verwandelt, sodass Stromstärken im Bereich von Milli- und Mikroampère gemessen werden können. Zudem ist eine Reihe von handelsüblichen Laserpointern bei den folgenden Wellenlängen erforderlich:

- 405 nm (violett)
- 445 nm (blau)
- 488 nm (cyan)
- 532 nm (grün)
- 568 nm (gelb/orange)
- 632,8 nm (rot)
- 670 nm (tiefrot)
- 785 nm (nahes Infrarot)

Die spektrale Empfindlichkeit einer Photodiode beschreibt das Verhältnis aus Photostrom und Laserleistung in der Einheit [W/A] in Abhängigkeit von der Wellenlänge und ist ein Charakteristikum des inneren photoelektrischen Effekts. Sie variiert bei unterschiedlichen Halbleitermaterialien und muss daher bei einem Wechsel des Photodiodentyps neu bestimmt werden. Für die spektrale Empfindlichkeit müssen sowohl Photostrom als auch Laserleistung für jede Wellenlänge gemessen werden. Diese Daten können qualitativ mit dem Datenblatt verglichen werden.

Die Abbildung zeigt das Ergebnis einer Messung des Photodiodenstroms als Funktion der Wellenlänge für die Photodiode SFH-203-P aus Laser-Hack 2. Bei dieser Messung wurde bei allen Laserpointern zunächst die gleiche Laserleistung eingestellt. In der Nähe der Bandlückenenergie steigt der Photostrom erwartungsgemäß an.

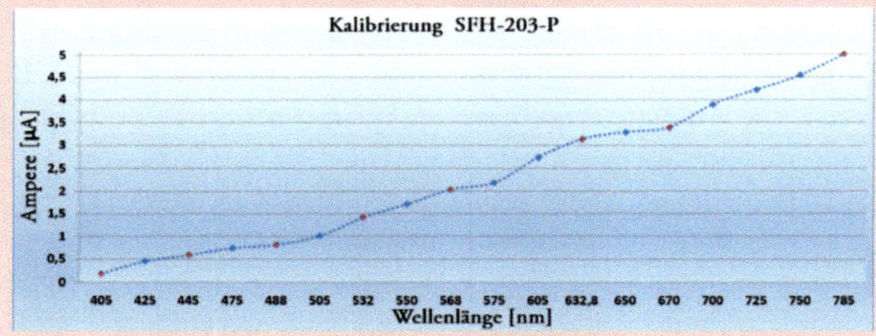

Nicht immer ist die Laserleistung bei allen Wellenlängen auf den gleichen Wert einstellbar. In diesem Fall hilft, dass der Photostrom der Photodiode (näherungsweise) proportional zur einfallenden Laserleistung ist. Die Laserleistung je Wellenlänge muss dann zusätzlich mit einem Referenz-Leistungsmessgerät gemessen werden.

Die Laserleistung sollte 1 mW nicht überschreiten. Sollte eine Wellenlänge fehlen, ist dies nicht schlimm. Fehlende Messpunkte können später auch approximiert werden. Das gelingt zumindest dann, wenn Laserpointer bei den Wellenlängen an den Rändern des Spektrums vorhanden sind, also im blauen und und roten Spektralbereich. In der Abbildung für die Photodiode SFH-203-P sind diese Punkte blau gekennzeichnet. Die Kalibration gelingt am besten entlang der folgenden Schritte:

Schritt 1: Zuerst wird die Messstation aus Laser-Hack 10 aufgebaut und die Leistung von jedem einzelnen Laser gemessen. Diese Messung sollte wiederholt durchgeführt werden. Die Hinweise zur Justage aus Laser-Hack 10 sind zu beachten. Wenn von allen Lasern die Leistung bestimmt wurde, legst du eine Tabelle an und trägst in die erste Spalte die Wellenlänge in der Einheit Nanometer [nm] und in der zweiten Spalte die gemessene Leistung in Watt [W] auf. Diese Laserleistungswerte betrachten wir als Referenzwerte. Das bedeutet, dass die neue Photodiode in Bezug auf die Kalibration durchgeführt wird, die in der Firmware bereits eingespeichert ist.

Schritt 2: Jetzt wird der Messvorgang wiederholt. Allerdings wird nun die zu kalibrierende Photodiode verwendet. Dazu muss diese in die Halterung der Streukugel eingepasst werden. In den meisten Fällen sind ein paar Steine an der Streukugel umzubauen und an das Gehäuse der neuen Photodiode anzupassen. Achte darauf, dass die Photodiode fest in der Streukugel sitzt und die photoempfindliche Fläche in das Innere zeigt. Der elektrische Anschluss der Photodiode erfolgt mit einer SMA-Kabelverbindung so, wie in Laser-Hack 2 beschrieben. Achte auf die richtige Polung!

Schritt 3: Nun wird der Diodenstrom für jeden Laser gemessen. Hierzu muss die Messelektronik in ein Ampèremeter umgewandelt werden. Dies geht ganz einfach über das Aufspielen der Firmware ›AmpermeterEdu‹, die ich speziell für diese Messung geschrieben habe. Sobald du die Elektronik mit der neuen Firmware gestartet hast, zeigt dir das Display den Stromwert in der Einheit Ampère [A] an. Diesen Wert misst du ebenfalls mehrfach für jeden Laser und trägst den Wert in die dritte Spalte deiner Tabelle ein.

Die Firmware ›AmperemeterEdu‹ findest du auf unserer Webseite.

Schritt 4: Zum Schluss wird der Umrechnungsfaktor bestimmt, in dem das Verhältnis des Stromwerts zur Laserleistung für jede Wellenlänge gebildet wird. Diese Werte in der Einheit Ampère pro Watt [A/W] stellen die Kalibrationsdaten für die spektrale Empfindlichkeit dar und müssen in der Lookup-Tabelle der Firmware eingetragen werden. Der Verlauf der ermittelten Werte sollte qualitativ der spektralen Kennlinie des Datenblatts entsprechen.

	A	B	C	D
1	[nm]	[W]	[A]	[A/W]
2	405	0,95	0,000000194	0,000000205
3	445	1,02	0,000000639	0,000000626
4	488	1,04	0,000000861	0,000000828
5	532	1,01	0,000001444	0,000001430
6	568	0,97	0,000002056	0,000002119
7	633	1,04	0,000003167	0,000003045
8	785	0,98	0,000004944	0,000005045

Abbildung 91: *Beispiel einer Tabelle für die gemessenen Werte zur Bestimmung des Umrechnungsfaktors der Kalibrierung*

Laser-Hack 24: Das verrückte Spiel zum Buch

Abbildung 92: *Laserleistung selber messen in der Martin-Luther-Grundschule in Greven*

Die Messung der Laserleistung erfordert ein bisschen Geschick und Übung. Warum nicht ein Spiel daraus machen? Benötigt wird das Messgerät, ein Laserpointer und ein paar Umlenkspiegel. Die Aufgabe des Spiels besteht darin, die Laserstrahlung über die Spiegel über eine möglichst große Strecke mehrfach umzulenken und zum Schluss mit dem letzten Spiegel in die Ulbrichtkugel einzujustieren.

Anleitungen für Spiegelhalter findest du in dem Buch »Interferometer zum Selberbauen« (ISBN 978-3-946496-09-0) oder »Hologramme zum Selbermachen« (ISBN 978-3946496-13-7) sowie auf unserer Webseite.

Das Spiel kann verschiedene Ziele haben:

- Wer den höchsten Messwert messen kann, hat gewonnen
- Wer die längste Spiegelstrecke vermessen kann, hat gewonnen!
- Wer am schnellsten die Laserklasse überprüfen kann, hat gewonnen!

Auch kann der Schwierigkeitsgrad gesteigert werden, in dem immer mehr Spiegel und immer weitere Entfernungen verwendet werden.

Vielleicht fallen dir noch weitere Spiele ein? Probier es ruhig einmal mit deinen Freunden aus. Der Spaß kommt automatisch!

Laser-Hack 25: 4-Kanal Leistungsmessgerät

Abbildung 93:
Foto eines 4-Kanal-Leistungsmessgeräts mit Shutter

Mit der Leiterplatte aus Laser-Hack 14 habe ich ein 4-Kanal-Leistungsmessgerät aufgebaut, das den Anforderungen für komplexe laseroptische Experimente entspricht.

Mehrkanal-Leistungsmessgeräte werden in der modernen Photonikforschung zur automatischen Erfassung von Laserleistungen und Experimentsteuerung eingesetzt. Häufig wird die Leistung von mehreren Lasern oder die Leistung eines Lasers an unterschiedlichen Positionen erfasst. Etabliert sind sogenannte 4-Kanal ›Photodioden-racks‹, die auf der elektronischen Schaltung aus Laser Hack 14 aufbauen. Diese Mehrkanal-Messgeräte sind mit einem Steuer-PC ausgestattet, sodass die Messung autark mit dem Gerät ablaufen und/oder am Messplatz unabhängig von einem PC kontrolliert werden kann. Die Einschübe weisen eine ›Autorange‹-Funktion auf, sodass eine vollautomatisierte Messdatenerfassung möglich wird.

Weitere Besonderheit dieser Racks ist Möglichkeit, Einschübe mit unterschiedlichen weiteren Funktionen auszustatten, wie elektromechanischen Shutter oder Temperaturregelungen.

Hier ein paar Besonderheiten des von mir aufgebauten Racks:

Verkabelung: Die elektrischen Anschlusspunkte der Leiterplatten habe ich so modifiziert, dass sie von einem zentralen Netzgerät mit Strom versorgt und zur Datenübertragung sowie Steuerung mit einem Raspberry Pi verbunden werden können.

Abbildung 94: *Die Leiterplatte aus Laser-Hack 13 ist mit einem Wannenstecker ausgestattet*

Bedienung; Das System ist mit einem Touch-Display ausgestattet, sodass die Steuerung manuell am Gerät erfolgen kann und ein autarker Messbetrieb möglich ist.

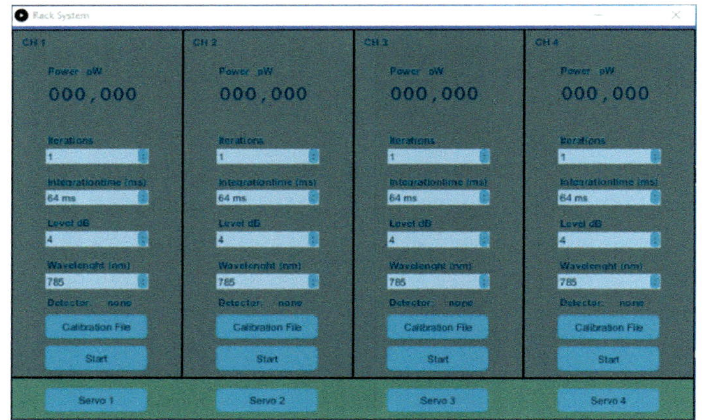

Abbildung 95: *Benutzeroberfläche des Rack-Systems*

Auf der Bedienoberfläche sind alle Einstellungen für jede einzelne Leiterplatine individuell wählbar. So lassen sich auch Laser mit unterschiedlicher Wellenlänge, unterschiedlicher Leistung und mit unterschiedlichen Photodioden gleichzeitig messen.

Moduleinschübe: Mechanisch ist die Besonderheit, dass die Leiterplatten als Moduleinschübe konstruiert sind und damit das Gerät mit ein, zwei, drei oder vier Kanälen ausgestattet werden kann. Dies ist auch für den Wechsel einer Leiterplatte, bspw. für Reparaturen, sehr vorteilhaft.

Abbildung 96:
Foto des Racks mit vier Moduleinschüben, die einzeln mit dem Raspberry Pi und der Stromversorgung verdrahtet sind

Shutter: Das Photodiodenrack verfügt über Anschlussmöglichkeiten zur Ansteuerung von vier Modellbau-Servomotoren. Diese Möglichkeit ist vor allem für den Aufbau von komplexen laseroptischen Experimenten erforderlich, bei denen die Laserstrahlen zu unterschiedlichen Zeitpunkten ein-/ausgeschaltet werden müssen oder Komponenten (bspw. Spiegel) motorisiert verschoben oder verdreht werden müssen.

Mit Hilfe des Shutters hast du die Möglichkeit, dein Experiment gezielt zu einem Zeitpunkt starten zu lassen, indem du den Laserstrahl ganz einfach unterbrichst und wieder freigibst.

Mit den Modellbau-Servomotoren können beispielsweise elektromechanische Shutter aufgebaut werden. Sehr gut geeignet sind Servomotoren vom Typ *Parallax 900-00005*. Das Tolle am LEGO® Teil 64179 ist, dass dieser Standard-Servo genau dort hineingesteckt werden kann. Der Shutter kann dann in jeder Lage und an jeder Stelle in deinem LEGO®-Aufbau positioniert werden.

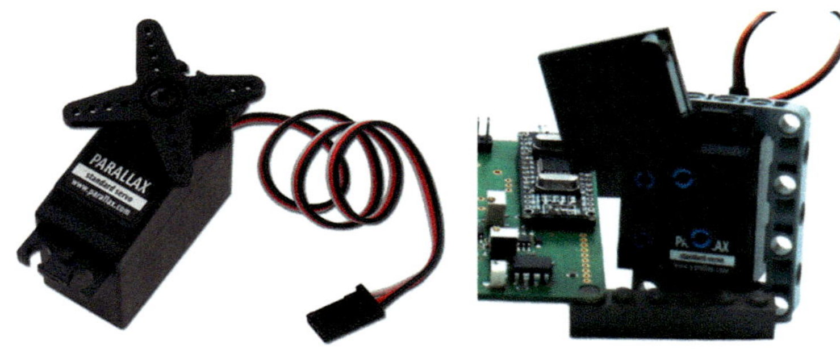

Abbildung 97:
Links: Parallax Modellbau-Servo (Quelle: www.parallax.com.) Rechts: Modellbau-Servo in LEGO®-Halterung und Fähnchen

Für den Einsatz als Shutter bietet es sich an, das kreuzförmige Element auf der Drehachse des Shutters zu entfernen und durch einen Technic Beam Liftarm zu ersetzen. Auch dieser passt sehr gut auf die Servo-Drehachse.

Mit diesem 4-Kanal-Photodiodenhack habe ich bereits eine Reihe von interessanten und komplexen Laserexperimenten realisiert. Eines davon ist die dynamische Messung der Beugungseffizienz beim Aufzeichnen elementarer holographischer Beugungsgitter, das im letzten Laser-Hack dieses Buchs beschrieben wird.

Laser-Hack 26: Automatisierte Leistungsmessung

Abbildung 98:
Foto des Zwei-Strahl-Interferometers zum Aufzeichnen holographischer Gitter mit LEGO®-Bausteinen, inkl. Leistungsmessgerät

Eine typische Anwendung des Mehrkanalmessgeräts ist das Zwei-Strahl-Interferometer. Hier werden sogenannte holographische Gitter erzeugt, die häufig in Wissenschaft und Technik benötigt werden. Anwendungen umfassen die Wellenlängenfilterung zur Kanaltrennung in der optischen Nachrichtentechnik, holographische Head-Up-Displays oder die holographische Datenspeicherung.

Der experimentelle Aufbau des Zwei-Strahl-Interferometers ist in Abbildung 82 dargestellt. Wenn du es nachbauen möchtest, empfehle ich dir einen Blick in das Buch ›Hologramme zum Selbermachen‹ (ISBN: 978-3-946496-13-7) dieser Buchreihe.

Holographische Gitter eignen sich außerdem zur Untersuchung dynamischer Prozesse in Materialien und ermöglichen es damit, Rückschlüsse auf die Materialeigenschaften zu ziehen. Genau hier kommt das Rack-System zum Einsatz, da es in der Lage ist, den zeitlichen Verlauf eines Photodiodensignals aufzuzeichnen. Dies ermöglicht beispielsweise die Bestimmung der Dynamik des Beugungswirkungsgrads, der eine der wichtigsten Eigenschaften eines Hologramms ist. Er gibt an, wie groß der Anteil ist, der vom eingestrahlten Licht am Gitter gebeugt wird.

Im Experiment werden in einem holographischen Film zwei kohärente Laserstrahlen (Schreibstrahlen) überlagert, wodurch ein holographisches Gitter durch Interferenz erzeugt wird. Nach erfolgreicher Bestrahlung (ca. 20 s) kann einer der beiden Strahlen blockiert werden.

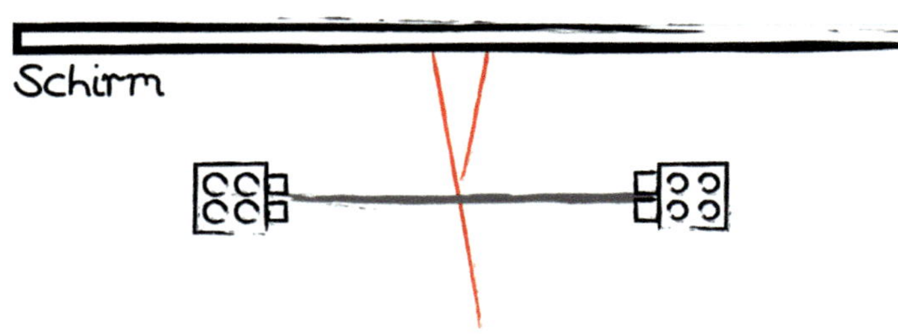

Abbildung 99: *Schematische Skizze der Rekonstruktion eines Laserstrahls an einem holografischen Gitter*

Das Gitter sorgt dafür, dass der blockierte Strahl durch den anderen Strahl rekonstruiert wird, was in Abbildung 99 schematisch dargestellt ist. Während des Schreibvorgangs überlagern sich gebeugte und transmittierende Laserstrahlen der beiden Schreibwellen, sodass diese nicht voneinander unterscheidbar sind und ein zweiter Laser mit unterschiedlicher Wellenlänge (Auslesestrahl) notwendig ist. Die Abbildung zeigt das normierte Messsignal der Photodiode, die die Beugung des Auslesestrahls detektiert. Der Beugungswirkungsgrad nimmt während der Bestrahlungszeit zu und nähert sich einem Maximum an.

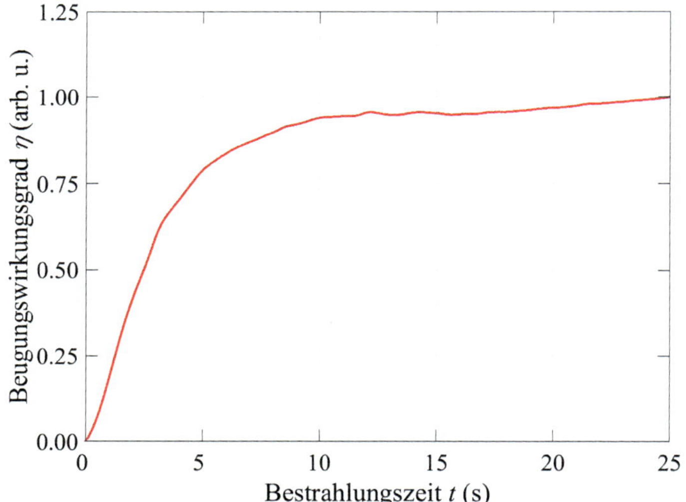

Abbildung 100: *Dynamischer Prozess des Beugungswirkungsgrads im Zwei-Strahl-Interferometer (normiert) aus dem Buch »Hologramme zum Selbermachen« (ISBN: 978-3-946496-13-7)*

Literaturhinweise

Hier findest du einen Auszug an Literatur, die du zum Beispiel in deiner Stadtbibliothek, finden kannst. Weitere Literatur, wie bspw. Links zu Fachwebseiten, findest du auf unserer Webseite.

Webseiten

Arduino IDE
https://www.arduino.cc/en/Main/Software
(abgerufen am 16.02.2022)

Processing
https://processing.org/download/
(abgerufen am 16.02.2022)

Photodiode SFH-203P
https://www.osram.com/ecat/Radial%20T1%203-4%20SFH%20 203%20P/com/en/class_pim_web_catalog_103489/global/prd_pim_ device_2219552/?query=SFH%20203&page=1&configure%5Bhit-sPerPage%5D=18&configure%5BclickAnalytics%5D=true
(abgerufen am 16.02.2022)

Photodiode OSD50-5T
Hersteller: http://www.centronic.co.uk/products/1/general-purpose
Datenblatt: http://www.farnell.com/datasheets/316996.pdf
(abgerufen 16.02.2022)

LabView
https://www.ni.com/de-de/shop/labview.html
(abgerufen 16.02.2022)

Lasersicherheit

DGUV. Vorschriften 11 & 12. Unfallverhütungsvorschrift Laserstrahlung. (2007):

https://publikationen.dguv.de/widgets/pdf/download/article/1059

https://publikationen.dguv.de/widgets/pdf/download/article/1472

(abgerufen am 16.02.2022)

Parallax-Servo

https://www.parallax.com/product/900-00005

(abgerufen 16.02.2022)

Reflow Lötvorschrift

JEDEC J-STD-020

https://www.jedec.org/document_search?search_api_views_fulltext=reflow

(abgerufen 16.02.2022)

Bücher

Graeme, Jerald G., Photodiode amplifiers: op amp solutions. 1995

Sze, Simon M., Physics of Semiconductor Devices. 2006

Ulbricht, R., Das Kugelphotometer (Ulbricht'sche Kugel); Darstellung seiner Theorie, Ausbildung und Anwendung, unter besonderer Berücksichtigung der Fehlerquellen. München: Oldenbourg. 1920

www.myphotonics.eu – Das Projekt

Das vorliegende Buch ist im Rahmen der Forschungsprojekte myphotonics und ›optocubes‹ entstanden, die an der Universität Osnabrück in der Forschungsgruppe Ultrakurzzeitphysik durchgeführt wurden. Die Forschungsvorhaben wurden im Rahmen der Initiative ›Open Photonik – offene Innovationsprozesse in der Photonik‹ des Bundesministeriums für Bildung und Forschung gefördert:

Mit dem Begriff ›Open Innovation‹ wird die Öffnung eines Innovationsprozesses für Beteiligte außerhalb einer Organisation, wie beispielsweise Unternehmen oder Instituten, bezeichnet. Kunden und Nutzer können z. B. bei Open-Source-Produkten nicht nur die Rolle von Konsumenten einnehmen, sondern aktiv an der Weiterentwicklung und der Verbesserung teilhaben. Während der Open-Source Gedanke für Software-Produkte (wie etwa das Android-Betriebssystem für Handys, Webbrowser oder auch Wikipedia) fest etabliert ist, gewinnt er aktuell auch in anderen Bereichen an Bedeutung. Ein Beispiel hierfür ist der 3D-Druck. Diese in der Industrie seit Jahrzehnten eingesetzte Technik wurde durch preiswerte Open-Source-Lösungen für einen breiteren Anwenderkreis nutzbar und konnte erst so ihren Siegeszug antreten. Ein anderes Beispiel ist die Arduino-Plattform, die Mikrocontroller durch offene Hardware und eine frei verfügbare Programmieroberfläche leichter und besser nutzbar macht. Selbst Technik-Laien können mit diesem Open-Source Ansatz schnell und leicht neue Hightech-Anwendungen realisieren. Mit den Fördermaßnahmen ›Open Photonik‹ und ›Open Photonik Pro‹ möchte das Bundesministerium für Bildung und Forschung (BMBF) neue Formen der Zusammenarbeit von Wissenschaft und Wirtschaft mit Bürgern ermöglichen und damit zusätzliche Innovationspfade und -potenziale für die Photonik erschließen. Mögliche Zielrichtungen der Projekte sind dabei Open-Innovation-Ansätze mit der Absicht, die Nutzung photonischer Komponenten oder Systeme zu verbessern, sowie Open-Source-Ansätze, die zu einer breiteren Nutzung dieser Komponenten oder Systeme in Start Ups und KMUs führen, und Ansätze, die eine stärkere direkte Bürgerbeteiligung an wissenschaftlichen Projekten ermöglichen.

GEFÖRDERT VOM

Roman für das mitwirken am Platinendesign danken.
Mirco Imlau
Björn Bourdon
Daniel Hausherr
Mattis Ostendorf
Messeteam für die nächste Maker Faire:
• Felix
• Mira
• Yannic
• Paul
• Laura
• Anton
• Eugen
• Jan
• ....
Großer Dank an Joachim für einfach alles! Ihm unbedingt das erste Buch schicken
open source hardware

Neues Messprinzip mit
Dirk, Roman und Daniel
abstimmen
MYPHOTONICS
Stefan Klompmaker
MYPHOTONICS
Felix Lager
Maker Beratung bei
Volker einholen
Dirk Berben
Anke Schmitter
Design
Anita Tiedtke
Design

UNIVERSITÄT OSNABRÜCK
GUT STUDIEREN
UND LEBEN
IN OSNABRÜCK
#studierenleben
www.studierenleben.uos.de
© Universität Osnabrück | Simone Reukauf Fotografie